麻辣川湘

原味小厨编委会◎编

吉林科学技术出版社

Author 原味小厨编委会

原味小厨编委会（按拼音排序）

蔡　雷（网名：吃货宝）　郭　莹（网名：烘焙宝贝）
高　峰（网名：好煮意）　高玉才　郭鸿飞（网名：郭私房）
韩密和　蒋志进（网名：我是煲汤王）
郎树义（网名：创意小厨房）　刘凤义（网名：老妖）
马长海　马萱钺　夏金龙　张明亮

　　"饮食"对不同的人有着不同的意义和感受。对厨师而言，"饮食"是对厨艺的探索；对食客而言，"饮食"是一种品位和生活享受；对家庭主妇（夫）而言，"饮食"有时候会是一种责任与负担。

　　在我们日益精致的生活中，"饮食"所要承载的内容越来越丰富，人们对"饮食"的要求也越来越高。于是更多的人们热衷于到餐馆中品尝各种美味，有时候这样的确能够满足人们对"饮食"以及"美味"的追求，但无论是从健康，还是从经济的角度出发，餐馆都不是人们的最佳选择。那么，能不能在家里做出既经济又美味的佳肴呢？为此，我们特地编写了《原味小厨168》系列饮食图书，希望能帮助喜爱"饮食"的朋友提高烹饪水平，并且在美味中享受无穷的乐趣。

　　《麻辣川湘》中的每道菜式，首先由烹饪大师精心烹制，讲解菜式的制作心得；然后由网络达人按照自己的实操，根据个人的喜好而说出自己的声音；最后我们还邀请营养专家为读者介绍菜式的营养及窍门，使您对菜式有进一步的理解。

　　《麻辣川湘》中介绍的每款家常菜式，取材容易、制作简便、营养合理，而且图文精美，一些菜式中的关键步骤还配以多幅彩图并加以分步详解，可以使您能够抓住重点，快速掌握，真正烹调出美味的家常菜肴。最后，对于一些重点的菜式配以二维码，您可以用手机或平板电脑扫描二维码，在线观看整个菜品制作过程的视频，真正做到图书和视频的完美融合。

　　讲究营养和健康是现今的饮食潮流，享受佳肴美食是人们的减压方式。虽然我们在繁忙的生活中，工作占据了太多时间，但在紧张工作之余，我们也不妨暂且抛下俗务，走进家庭厨房的小天地，用适当的原料、简易的调料、快捷的技法等，烹调出一道道简易、美味、健康并且快捷的家常菜肴，与家人、朋友一起来分享烹调的乐趣，让生活变得更富姿彩。

Contents
目录

PART 1　清爽冷菜

PART 2　美味热菜

PART 4 别样主食

清爽冷菜

黄瓜中含有相当丰富的钾盐,有很好的利尿作用,故生食黄瓜可以治疗膀胱炎。黄瓜头的苦味中含有葫芦素C,具有提高人体免疫功能的作用,可达到抗肿瘤的目的。

酸辣蓑衣黄瓜

📖**名厨笔记** 酸辣蓑衣黄瓜主要是考验烹饪者刀工，尤其是蓑衣花刀的切法。蓑衣形花刀是在原料的一面如麦穗形花刀那样剞一遍，再把原料翻过来，用推刀法剞一遍，其刀纹与正面斜十字刀纹成交叉纹，两面的刀纹深度约原料的五分之四，经过这样加工的原料提起来两面通孔成蓑衣状。

原料 Ingredients

黄瓜	1根
姜块	30克
葱段	20克
红干辣椒	10克
精盐	1大匙
白糖	4小匙
白醋	1小匙
香油	2小匙

做法 Method

1. 黄瓜去蒂，洗净，先剞上蓑衣花刀，再加入精盐揉搓均匀，腌10分钟。

2. 将姜块去皮，洗净，先切成片，再切成细丝；葱段、红干辣椒分别洗净，均切成细丝，放入小碗内。

3. 锅置火上，加入香油烧至九成热，出锅倒入盛有葱丝、姜丝、红干辣椒丝的碗内炸出香味。

4. 待葱丝等晾凉后加入白糖、精盐、白醋调拌均匀至白糖溶化成味汁；将腌好的黄瓜沥去腌汁，码放在盘内，浇上调好的味汁即可。

大∨点评 Comment from Vip

V 蓑衣黄瓜讲求的是刀法，对于烹饪新手而言，有一定的难度，因为会常常把黄瓜切断。我有个好的方法，就是可以放两个筷子在黄瓜边上挡住，黄瓜就不会被切断了。

营养·窍门 Tips for others

黄瓜是一种比较常见的原料，如果生食黄瓜，需要注意一定要清洗干净，家庭中可把黄瓜放在盛有蔬果消毒液的清水中浸泡10分钟，再换清水洗净。

多味黄瓜

名厨笔记 多味黄瓜操作简单，色泽美观，口味鲜香，麻辣适口，是一道非常好的家常小菜。制作时黄瓜也可以切成长约5厘米、宽0.8厘米的长条，加上调料腌渍时放入冰箱，食用时码放在盘内上桌，色形会更佳。

原料 Ingredients

黄瓜	250克
干辣椒	30克
姜块	10克
精盐、酱油	各1小匙
米醋	2小匙
香油	1/2小匙
白糖、植物油	各4小匙

做法 Method

1. 黄瓜去蒂，洗净，切成滚刀块，放入碗中，加入适量精盐拌匀，腌10分钟，沥干水分；干辣椒去蒂、去籽，切成细丝；姜块去皮，也切成丝。

2. 锅中加入植物油烧热，下入干辣椒丝、姜丝炒出香辣味，再加入酱油、白糖、米醋稍煮，淋入香油。

3. 出锅倒入大碗，晾凉成味汁，然后放入黄瓜块拌匀，腌渍20分钟，装盘上桌即可。

川椒炝黄瓜

📖名厨笔记 川椒炝黄瓜是以鲜嫩的黄瓜为主料，用花椒、干红辣椒为主要调料炝拌而成，成菜具有软嫩爽滑、麻辣适口的特点。按此方法，家庭还可以制作川椒炝芦笋、川椒炝茭白等多款菜式。

原料 Ingredients

鲜嫩黄瓜	300克
花椒	20粒
干辣椒段	10克
精盐	1小匙
味精	1/2小匙
植物油	4小匙

做法 Method

① 黄瓜去蒂，用清水漂洗干净，先切成长6厘米宽的长段，再切成两半，用刀尖把黄瓜瓤去掉，最后切成小条，放入盘中，加入精盐拌匀。

② 净锅置火上，加入植物油烧热，先下入干辣椒段、花椒炒出香辣味。

③ 放入黄瓜条，加入味精炝炒均匀，出锅盛入盘中晾凉，即可上桌食用。

V 比较简单的一道凉菜，制作上我会把黄瓜条码放在盘内，上面放上干红辣椒丝，再淋上烧至九成热的花椒油和香油，稍焖几分钟上桌，香辣味会更浓郁。

大 V 点评

香椿拌蚕豆

📖名厨笔记 香椿拌蚕豆此菜为春季时令冷菜，椿芽淡雅，蚕豆清香，鲜嫩爽口，适宜下酒。制作时需要注意，鲜蚕豆要购买带皮的，制作菜肴前剥去外皮最好，否则豆皮接触空气时间久蚕豆瓣会变厚变硬，影响口感。

原料 Ingredients

蚕豆	200克
香椿芽	100克
精盐、味精	各1小匙
胡椒粉	1/2小匙
白糖、陈醋	各2小匙
香油	1/3小匙

大 V 点评
Comment from Vip

V 春天是蚕豆，也是嫩香椿上市的季节。很喜欢蚕豆、香椿的颜色和清新的味道，一起搭配拌制成菜，不仅操作简单，色泽美观，口味也会很好的。

做法 Method

① 将蚕豆剥开去皮，用清水洗净，放入清水锅内煮至熟，捞出、晾凉，沥干水分。

② 香椿芽择洗干净，放入沸水锅中焯烫一下，捞出、沥干，切成碎粒。

③ 将煮好的蚕豆瓣和香椿芽粒放入容器内，加入精盐、味精、白糖、胡椒粉、香油、陈醋调拌均匀，食用时装盘上桌即成。

营养·窍门 Tips for others

菜花又称花椰菜，是含有类黄酮最多的原料之一。类黄酮除了可以防止感染，还是最好的血管清理剂，能够阻止胆固醇氧化，防止血小板凝结成块，因而减少心脏病与中风的危险。

拌芥末菜花

📖 **名厨笔记** 芥末又称芥子末、芥辣粉，一般分绿芥末和黄芥末两种。本菜使用的黄芥末源于中国，是芥菜的种子研磨而成。芥末微苦，辛辣芳香，对口舌有强烈刺激，味道十分独特，芥末粉润湿后有香气喷出，具有催泪性的强烈刺激性辣味，对味觉、嗅觉均有刺激作用。

原料 Ingredients

菜花	400克
红辣椒	15克
精盐	1小匙
米醋	1大匙
味精、白糖	各1/2小匙
芥末粉	2小匙
香油	4小匙

做法 Method

① 芥末粉放入碗中，加入温开水，用筷子充分搅匀成糊状，盖严碗盖，焖约45分钟即成芥末糊。

② 菜花去根，掰成小块，洗净，放入淡盐水中浸泡10分钟，捞出、沥水；红辣椒去蒂及籽，洗净，切成碎粒。

③ 锅中加入清水、少许植物油烧沸，放入菜花块焯至熟，捞出，放入冷水中浸泡3分钟，捞出、沥水，放入盘中。

④ 芥末糊中加入精盐、味精、白糖、米醋、香油调匀，再加入红辣椒粒搅匀成味汁，浇在菜花块上即成。

营养 · 窍门 Tips for others

在制作椒麻扁豆菜肴时，加入少许花椒，其作用是扁豆中的维生素K遇到花椒中的钙质，可强化人体对钙质的吸收，帮助血液正常凝固，促进骨骼生长。

椒麻扁豆

📖名厨笔记 椒麻扁豆是四川家常风味小菜，是以扁豆为主料，用花椒、大葱等调味而成，具有色泽碧绿、鲜嫩适口、麻辣浓香的特点，制作时原料可用豇豆、荷兰豆替换，则称为椒麻豇豆、椒麻荷兰豆。口味上可以在调料中加入辣椒油，花椒改为花椒油，即成麻辣扁豆。

原料 Ingredients

扁豆	250克
大葱	10克
花椒粒	3克
精盐	1/2小匙
味精	少许
鲜汤	3大匙
香油	2小匙

做法 Method

① 将扁豆撕去豆筋，洗净，放入沸水锅中煮至熟透，捞出用冷水过凉，沥干水分，切成细丝，装入盘中；大葱洗净，切成细丝。

② 把花椒粒放入锅中用小火略炒一下，出锅、晾凉，放在案板上，用刀背压成碎末。

③ 坐锅点火，加入香油烧至七成热，先下入葱丝炒出香味，再加入精盐、味精、花椒粉、鲜汤煮沸成味汁，出锅浇在扁豆丝上拌匀即成。

泡小树椒

名厨笔记 树椒也称树海椒，四川省得荣县特产。该品种树椒椒果肉薄、辣味浓，富含多种维生素，有开胃健脾、保健滋补等功效。本菜用泡的技法制作小树椒，成品色泽红亮，口味鲜辣，咸香味浓，为佐粥下饭佳品。

原料 Ingredients

小树椒	500克
五香料包	1个
（花椒、八角、桂皮、丁香、	
小茴香各3克）	
精盐	3大匙
白糖、料酒	各2小匙
白酒	1大匙

大 V 点评
Comment from Vip

V 家里没有泡菜坛，所以我用大口瓶替代。大口瓶的好处是可以看到瓶内的变化，一般3口之家，一个4升左右的瓶子就够用了，注意要选那种瓶口大的，否则往外取的时候就麻烦了。

做法 Method

1. 将小树椒用清水洗净，再放入清水中浸泡2小时，捞出、沥干。

2. 坐锅点火，加入适量清水，先放入五香料包、精盐、白糖、料酒、白酒旺火烧沸，再转小火熬煮5分钟，出锅晾凉成味汁。

3. 将小树椒码入泡菜坛内，倒入煮好的味汁，盖严坛盖，注入坛沿水，腌渍7天即可食用。

红油四丝

📖名厨笔记 红油主要是以四川的朝天椒加植物油和其他香料（如花椒、八角、山奈、葱、蒜、姜），用慢火精熬而成，是川菜常用调味品之一，可作为调味料直接食用，或作为原料加工各种调味品，适用于烹饪各色菜肴使用。

原料 Ingredients

胡萝卜	125克
香干、芹菜	各100克
红柿椒	75克
精盐	2小匙
味精、白糖	各1/2小匙
辣椒油（红油）	1大匙
花椒油	1小匙

做法 Method

1. 将胡萝卜、芹菜、红柿椒分别择洗干净，均切成细丝；香干先片成大片，也切成丝。

2. 净锅置火上，加入清水烧沸，加入少许精盐，分别放入胡萝卜丝、芹菜丝、红椒丝和香干丝烫一下，捞出、过凉，沥净水分。

3. 把四丝放入大碗中，加入精盐、味精、白糖，淋入辣椒油、花椒油拌匀，装盘上桌即可。

V 制作好本菜的关键是红油的好坏，其会影响成菜的色、香、味。好的红油可以给菜增色，而且还好闻；不好的红油会让菜肴颜色变得无光泽，而且会有苦味。　　大 V 点评

营养·窍门 Tips for others

扁豆中含有非常丰富的维生素B、维生素C和植物蛋白质，能使人头脑宁静，调理消化系统，消除胸膈胀满，可防治急性肠胃炎、呕吐腹泻等。

红油扁豆

📖**名厨笔记** 扁豆为豆科扁豆属，多年生或一年生缠绕藤本植物，扁豆原产亚洲南部，于汉晋时期传入我国，南方地区栽培较多，夏秋季大量上市。用扁豆搭配红油拌制而成的四川风味凉菜，其操作简单，口味鲜辣，非常爽口。

原料 Ingredients

扁豆	400克
红干椒	15克
姜末	10克
精盐	1小匙
味精	1/2小匙
香油	少许
植物油	3大匙

做法 Method

1. 把红干椒去蒂，洗净，切成细碎末，再放入小碗中，加入姜末调拌均匀。

2. 锅中加上植物油烧至七成热，出锅倒入盛有姜末、红干椒末的小碗中，用筷子搅拌均匀，制成辣椒油（红油）。

3. 扁豆择去豆筋、洗净，斜切成2厘米长的段，放入沸水锅中焯煮至熟，捞出，用冷水过凉，沥干水分，装入容器中，加入精盐、味精、香油、辣椒油拌匀即成。

营养·窍门 Tips for others

　　民间素有吃肉不加蒜, 营养减一半之说, 确有科学道理。猪肉中维生素B_1含量丰富, 若同吃大蒜, 其蒜素与维生素B_1结合, 将水溶性变为脂溶性, 进而增加人体的吸取与运用, 效果更佳。

新派蒜泥白肉

📖**名厨笔记** 蒜泥白肉是著名的传统风味川菜,但却是一道从川外到四川落户的菜肴。蒜泥白肉历史悠久,流传广泛,在人们的心中有很高的声誉。蒜泥白肉最早为成都"竹林小餐"名菜之一,曾风靡一时,为人们称道,此菜要求选料精,火候适宜,刀工好,佐料香,热片冷吃。食时用筷拌合,随着热气,一股酱油、辣椒油和大蒜组合的香味直扑鼻端,使人食欲大振。

原料 Ingredients

猪五花肉	1块(约750克)
黄瓜	150克
芹菜、红尖椒	各50克
芝麻	少许
大蒜	50克
精盐	1小匙
白糖、花椒粉	各2小匙
香油	4小匙
酱油	1大匙
辣椒油	2大匙

做法 Method

① 芹菜择洗干净,切成细末;红尖椒去蒂、去籽,洗净,沥干水分,切成末;大蒜剥去外皮,洗净,拍碎,剁成蒜蓉,放入小碗中。

② 蒜蓉碗内加入芹菜末、红尖椒末、辣椒油、香油、芝麻、酱油、花椒粉和白糖调匀成味汁;黄瓜洗净,放在案板上,用平刀法片成大薄片。

③ 猪五花肉洗净血污,放入清水锅中烧沸,转小火煮至熟嫩,捞出、晾凉,切成长条薄片。

④ 将切好的白肉片放在黄瓜片上,用筷子卷好成筒形,码放入盘中,浇淋上调拌好的蒜泥味汁,上桌即可。

大 V 点评 Comment from Vip

 我非常喜欢这道创新风味蒜泥白肉,薄薄的白肉片用清爽的黄瓜片包裹好,食用时蘸上少许的蒜泥味汁,口味还是原来的口味,黄瓜也避免了白肉的油腻感。

营养·窍门 Tips for others

猪蹄筋有强筋壮骨之功效，对腰膝酸软、身体瘦弱者有很好的食疗作用，并且有助于青少年生长发育和减缓中老年妇女骨质疏松的速度。

鲜辣猪蹄筋

📖名厨笔记 猪蹄筋分为干鲜两种，其中干蹄筋要用多种烹调技法，如煮、炸、蒸、焖等，经过涨发后作为烹调原料使用。配料除了使用青笋外，也可以加入木耳、胡萝卜、香菇、青红椒等，以丰富菜肴的色泽。

原料 Ingredients

水发猪蹄筋	250克
青笋	100克
熟芝麻	25克
葱段	10克
鸡精	少许
精盐、味精	各1小匙
白糖、料酒	各2小匙
花椒油、香油	各1大匙
生抽	2大匙
辣椒油	3大匙

做法 Method

1. 将水发猪蹄筋洗净，放入清水锅中煮至熟嫩，捞出、沥干，切成小段。

2. 把蹄筋段放在容器内，撒入葱段，加入白糖、料酒、生抽、味精、鸡精、香油调拌均匀。

3. 青笋去皮，洗净，切成大片，放入沸水锅中焯烫一下，捞出、沥干，加入少许精盐拌匀，码入盘中，再放上蹄筋段，淋入辣椒油、花椒油，撒上熟芝麻即成。

酱香猪尾

名厨笔记 酱香猪尾是一道非常有特色的菜肴，滑嫩浓香，制作时需要注意猪尾最好是整根烹制，待酱制成熟后再切成小段，如果先切成小段后再酱制成熟，猪尾的猪皮会破裂开，影响成菜的外观。

原料 Ingredients

猪尾	500克
香料包	1个
（八角2粒，小茴香10克，	
陈皮、草果、香叶各少许，	
葱段25克，姜片10克）	
精盐、白糖	各2大匙
味精	1小匙
酱油、糖色	各3大匙
老汤	2500克

做法 Method

1 将猪尾洗涤整理干净，放入清水锅中，上火略焯一下，捞出，冲洗干净。

2 坐锅点火，加入老汤，先下入酱料包烧沸，再加入糖色、酱油、精盐、味精、白糖煮匀，调成酱汤。

3 将猪尾放入酱汤中，用小火烧沸后关火，间隔30分钟后再次烧沸、关火，如此反复3次，然后将猪尾捞出晾凉，剁成小段，装盘上桌即成。

V 我在家里制作酱猪尾的时候，一般顺便在酱锅内放入几颗鸡蛋或鹌鹑蛋，出锅前加上几块豆腐皮，成菜的味道也是非常好的哦。

大 V 点评

椒麻猪舌

📖名厨笔记 椒麻味是以四川特产的花椒为主要调味品，再搭配盐、酱油、葱叶、味精、香油等调制而成，特点是咸鲜味麻，葱香味浓。主料要选用新鲜的猪舌，鲜猪舌灰白色包膜平滑，无异块和肿块，舌体柔软有弹性，无异味；变质猪舌头呈灰绿色，表面发黏、无弹性。

原料 Ingredients

净猪舌	2条
青椒末	25克
葱段	5克
花椒	10粒
白糖	2小匙
精盐	1小匙
酱油	4小匙
米醋	1大匙

大 V 点评
Comment from Vip

V 椒麻猪舌鲜香麻辣，脆嫩爽口，如果一次用2条猪舌，可以做成2道菜，一道菜如上面介绍了，另一道菜是把煮熟的舌骨根切成块，用青椒炒成菜，味道也很好。

做法 Method

1 葱段洗净，切成末；猪舌刮洗干净，放入锅中，加入清水和少许精盐烧沸，撇净浮沫。

2 转小火煮至熟烂，捞出猪舌，沥净水分，晾凉，切成薄而匀的大片，码放入盘中。

3 把花椒放入净锅内炒至熟，取出、擀碎，放入碗中，加入青椒末、葱末、酱油、米醋、白糖、精盐调匀成味汁，浇淋在猪舌片上即可。

营养·窍门 Tips for others

动物内脏一般含有丰富的铁、锌等微量元素和维生素A、维生素B₂、维生素D等，食用后，能有效补充人体对这些物质的需求。尤其是辣辣的夫妻肺片，冬天食用更是一道暖胃暖身的好菜品。

夫妻肺片

📖名厨笔记 夫妻肺片注重选料，制作精细，调味考究，粑糯入味，麻辣鲜香，细嫩化渣。深受群众喜爱。此菜在国内外食客中知名度极高，据说是在20世纪30年代始创于成都郭朝华夫妇，因此得夫妻肺片之名。

原料 Ingredients

卤牛心、卤牛舌	各100克
卤牛肉、毛肚	各75克
芹菜	50克
香菜段、芝麻	各10克
精盐、花椒粉	各1小匙
味精、白糖	各少许
辣椒油	1大匙

做法 Method

① 将卤牛心、卤牛舌、卤牛肉均切成薄片；毛肚洗净，放入清水锅中煮至熟嫩，捞出，切成薄片。

② 芹菜洗净，切成3厘米长的小段，放入沸水锅中焯烫一下，捞出过凉，沥去水分，放在盘内垫底。

③ 将牛心片、牛舌片、牛肉片、毛肚片放入盆中，加入精盐、味精、白糖、花椒粉、辣椒油拌匀，码放在芹菜上面，再撒上芝麻、香菜段即可。

爽口腰花

📖名厨笔记 有时候我们想吃腰花，又怕火候掌控不好，一不小心就炒老了。爽口腰花用拌的方法就不错，腰花鲜嫩爽口，酱料淋在腰花上，麻、辣、鲜、嫩、香刚刚好。另外焯烫腰花时，可以在锅内加上少许姜葱、花椒等，烫熟即可，时间不宜长。

原料 Ingredients

鲜猪腰	500克
生菜	50克
青椒	30克
香菜、熟芝麻	各25克
姜块、蒜末	各15克
味精	少许
番茄酱	4大匙
蜂蜜	1大匙
酱油	2大匙
陈醋	2小匙
香油	1/2大匙
植物油	适量

做法 Method

① 生菜用清水洗净，沥干水分，切成细丝；香菜择洗干净，切成细末；姜块去皮，洗净，切成细末；青椒去蒂及籽，洗净，切成小粒。

② 取大碗，加入番茄酱、蜂蜜、陈醋、酱油、香油、味精调匀，再放入熟芝麻、蒜末、香菜末、姜末、青椒粒搅拌均匀，制成酱料。

③ 鲜猪腰洗净，去除白色腰膜，内侧剞上花刀，放入沸水锅中焯烫至熟，捞出、过凉，沥干水分。

④ 将焯烫好的猪腰切成小片，码放在盘中，倒上调好的酱料拌匀，即可上桌食用。

大 V 点评 Comment from Vip

V 家庭中烹调猪腰菜肴最好使用鲜猪腰，如果选用冷冻后的猪腰，由于组织结构的变化，猪腰内部的"游离水"结冻而增大体积，迫使猪腰组织疏松，影响成菜效果。因此家庭购买猪腰后要趁鲜制作菜肴，短时间内可放冰箱保鲜室内保鲜。

营养·窍门 Tips for others

　　猪腰含有丰富的蛋白质和碳水化合物，容易被人体消化和吸收，常吃可以补肾虚、养肾脏、清肾热，对慢性肾炎、阳痿早泄等有很好的益处。

营养・窍门 Tips for others

陈皮牛肉采用中药陈皮与牛肉搭配，并加以各种佐料做成的一道菜肴，该菜具有止咳化痰、生津开胃、顺气消食等功效，还可以治疗维生素C缺乏症。

陈皮牛肉

📖**名厨笔记** 陈皮牛肉最早是由清末御厨黄晋林创制的，当时朝廷派官员出差，一路上总要带点东西佐酒下饭，而且又要对身体有所补益。黄晋林便动脑筋用各种佐料做成了陈皮牛肉，此菜色质深褐，味辣，且能放较长时间而不变味，久而久之成了四川人桌上的佳肴。

原料 Ingredients

牛肉	400克
陈皮	1片
姜末	5克
精盐	1/2小匙
白糖、淀粉	各1/2大匙
料酒	5小匙
酱油	3大匙
植物油	适量

做法 Method

① 牛肉去掉筋膜，洗净，切成大片，加入少许料酒、酱油、淀粉拌匀，腌20分钟，再放入热油中炸至熟嫩，捞出、沥油，放在容器内。

② 把陈皮放入碗中，加入适量温水泡软，再用清水洗净，切成细丝。

③ 锅中加上植物油烧热，下入姜末、陈皮丝炒香，然后加入精盐、白糖、料酒、酱油、泡陈皮的水煮成味汁，出锅倒在盛有牛肉片的容器内拌匀即成。

豆豉拌兔

📖名厨笔记 豆豉拌兔是一道四川风味菜肴,是把兔肉煮熟、切条,淋上由水豆豉、辣椒油等调制而成的味汁而成。水豆豉是以大豆(黄豆或黑豆)为主料,经过蒸煮发酵后加入姜丝、辣椒面等香辣料腌渍而成,口味鲜美馨香。

原料 Ingredients

带皮兔肉	500克
水豆豉	100克
葱段、姜片	各15克
葱花	10克
味精	1/2小匙
白糖	少许
辣椒油	2大匙
香油	1小匙
鲜汤	4小匙

大 V 点评
Comment from Vip

V 我使用兔腿制作此菜,兔腿煮的时间以兔肉和骨头能够完全可以分离为准。兔腿肉不能煮得太烂了,过烂兔肉缩水严重,口感嫩而不香。

做法 Method

1 带皮兔肉洗净,放入清水锅中,加入葱段、姜片、料酒煮至熟嫩,捞出、晾凉。

2 将煮好的兔肉切成长约6厘米,宽约1厘米的条,整齐地摆放入盘中。

3 碗中加入味精、白糖、香油、辣椒油、鲜汤、水豆豉调匀成味汁,浇在兔肉上,撒上葱花即成。

灯影牛肉

📖名厨笔记 灯影牛肉是四川传统风味名菜，成菜麻辣香甜，因肉片薄而宽、可以透过灯影、有民间皮影戏之效果而得名。牛肉片薄如纸，色泽红亮，味麻辣鲜脆，细嚼之，回味无穷，四川省达州市出产最为著名。

原料 Ingredients

黄牛肉	500克
精盐、香油	各1小匙
味精	1/2小匙
白糖、辣椒粉	各2大匙
花椒粉	1大匙
料酒	3大匙
植物油	500克(约耗60克)

做法 Method

1 将黄牛肉去掉筋膜，洗净，片成大薄片，撒上精盐抹匀，晾至牛肉片呈鲜红色时，再放入烘炉内，用木炭火烘约15分钟，然后上笼蒸1小时，取出。

2 锅置火上，加入植物油烧热，放入牛肉片炸至透，滗去余油，再烹入料酒。

3 然后加入辣椒粉、花椒粉、白糖、味精、五香粉炒匀，出锅晾凉，淋上香油，装盘上桌即成。

V 比较费时、麻烦的一道菜式，没有尝试过，听朋友说要制作好灯影牛肉，牛肉要选用黄牛精瘦肉，不要肥的、筋多的；另外如果用白酒替代料酒，味道比较浓厚。 大 V 点评

营养·窍门 Tips for others

羊腰子含有丰富的蛋白质、脂肪、维生素A、维生素E、维生素C、钙、铁、磷等。《日华本草》说，羊腰能补虚损，阴弱，壮阳益肾，适用于肾虚阳痿者食用。

葱油腰片

📖**名厨笔记** 葱油腰片是以羊腰子为主料，配上葱姜丝、辣椒、豉油等拌制而成，成菜口感软嫩，鲜咸辣香。制作上需要注意，要去掉羊腰子的膻味，必须把切成大片的加上料酒等腌几分钟，时间一般为10~20分钟。

原料 Ingredients

羊腰子	500克
香菜段	25克
葱丝、姜丝	各15克
干红辣椒	10克
精盐、料酒	各1/2小匙
豉油	2大匙
淀粉	适量
葱油	3大匙
植物油	750克(约耗30克)

做法 Method

① 羊腰子剖开，去除腰臊，洗净，切成薄片，加入精盐、料酒腌约10分钟，再加入淀粉拌匀；干红辣椒泡软，去蒂、去籽，切成细丝。

② 锅中加入植物油烧热，下入羊腰片滑至熟，捞出、沥油，装入盘中，再浇上豉油。

③ 在羊腰片上撒上葱丝、姜丝、红辣椒丝、香菜段，浇上烧至九成热的葱油即成。

营养·窍门 Tips for others

对于经常饮酒的人，不知不觉肝脏会受到伤害。而鸡腿肉对于人体因肝脏的脂肪含量过多而引起的脂肪肝等疾病，具有非常好的防治效果。

口水鸡

📖名厨笔记 口水鸡又称南山泉水鸡，是四川重庆市南山地区的风味冷菜之一。口水鸡的主料选择十分讲究，一定要家养土仔公鸡，并且口水鸡还重在调味，佐料丰富，集麻、辣、鲜、香、嫩、爽于一身，有名驰巴蜀三千里，味压江南十二州的美称。

原料 Ingredients

鸡腿	2个
西芹	75克
碎花生米	25克
芝麻	15克
大葱、姜块	各10克
蒜瓣	15克
精盐	2小匙
花椒粉	1小匙
白糖、味精	各少许
米醋、酱油	各1/2大匙
芝麻酱	3大匙
豆瓣酱	2大匙

做法 Method

1 将西芹择洗干净，切成3厘米宽的小片，垫在盘子的底部；鸡腿剔去骨头和杂质，洗净，沥干水分，在鸡腿内侧剁上几刀。

2 取部分大葱、姜块，把姜块去皮，洗净，拍碎；大葱切成小段，全部放入清水锅内，再加入鸡腿肉和少许精盐烧沸，用中小火煮至熟嫩，捞出鸡腿肉、晾凉。

3 将剩下的大葱、姜块切成末；蒜瓣去皮，剁碎，全部放在碗内，加入芝麻酱和花椒粉，再加入精盐、酱油、白糖、豆瓣酱、芝麻、味精调匀成口水鸡味汁。

4 将鸡腿肉切成片，码放在盛有西芹片的盘内，浇上调好的味汁，再撒上碎花生米，上桌即可。

大 V 点评 Comment from Vip

V 要制作好口水鸡，其关键是调制好口水鸡味汁，个人认为，调制味汁时各种调料放的数量不可过多，不能突出某一种调料的味，而应力求各味调合后特有风味。

棒棒鸡丝

📖名厨笔记 棒棒鸡丝是把煮熟鸡胸肉经过捶打再撕成细条, 吸足了料汁, 有辣椒油的辣味, 有芝麻酱和香油的香味, 有陈醋的酸味, 有花椒粉的麻味, 再加上莴笋的爽脆, 真是一道佐酒的上好佳肴。

原料 Ingredients

鸡胸肉	500克
莴笋	50克
花椒粉	1/2小匙
精盐	少许
芝麻酱	1大匙
香油	2小匙
白糖、陈醋	各1小匙
辣椒油	适量

做法 Method

1. 莴笋去掉笋根, 削去外皮, 用清水洗净, 切成细丝, 放入沸水锅中焯烫一下, 捞出, 用冷水过凉, 沥净水分。

2. 鸡胸肉剔去筋膜, 洗净, 放入清水锅中煮熟, 捞出鸡肉, 晾凉; 莴笋丝加入精盐拌匀, 码入盘中垫底。

3. 将熟鸡肉放在案板上, 用擀面杖敲打至松软, 撕成丝, 放入碗中, 加入香油拌匀, 码在莴笋丝上面。

4. 芝麻酱加上少许煮鸡汤汁、白糖、陈醋、花椒粉、香油拌匀成味汁, 淋在鸡丝上面, 淋上烧热的辣椒油即成。

糟卤油鸡

📖名厨笔记 糟香油鸡为四川家常风味菜肴,为夏季佐酒佳肴。制作上需要注意煮仔鸡时火候不宜太大,时间不要太长,煮至鸡刚熟即可捞出;此外调味中的酱油要少,以保持成菜色泽红亮,口味纯正的特色。

原料 Ingredients

净仔鸡	1只(约1000克)
葱段	30克
姜片	20克
精盐、冰糖	各1小匙
红糖	3大匙
酱油	2小匙

做法 Method

1 把仔鸡择洗干净,剁成大小均匀的块,放入沸水锅中焯烫一下,捞出、冲净。

2 净锅置火上,加入适量清水,先下入葱段、姜片、仔鸡块旺火烧沸,再转中火炖煮至八分熟。

3 然后放入精盐、冰糖、红糖、酱油调匀,继续煮至仔鸡块熟透入味,再关火浸泡至汤汁冷却,捞出仔鸡块,沥净水分,码放在盘内,淋上少许味汁即成。

V 一道非常简单,适宜家庭操作的冷菜,感觉在口味上可以有多种变化,如果使用辣椒油、花椒油、五香粉等熬煮成味汁,成菜可以称为香辣油鸡、五香卤油鸡。

大 V 点评

香卤凤爪

📖名厨笔记 香卤凤爪是一道家常风味菜式，主料使用的鸡爪多皮、筋，胶质大，常用于煮制成汤菜食用，也适宜用卤、酱、烧、焖等长时间烹调方法制作菜肴，对于一些质地肥厚肉用鸡爪，也可煮熟后脱骨，用拌、炒等方法加工成菜。

原料 Ingredients

鸡爪（凤爪）	750克
红辣椒	30克
葱段	20克
花椒粒	5克
鲜姜、甘草	各3片
精盐、料酒	各1大匙
鸡精	1小匙
香油	1/2小匙
糖色、高汤	各适量

大 V 点评
Comment from Vip

V 卤凤爪的制作方法有很多种，记得有一次用李锦记卤水汁加上清水(比例1：3)卤的凤爪，操作非常简单，口味上也不错，就是颜色淡。

做法 Method

1 鸡爪切除趾尖，对半切开，洗净，放入清水锅中烧沸，转小火煮至熟，捞入凉水中浸泡1小时；红辣椒去蒂、去籽，洗净，切成小粒。

2 锅置火上，加入高汤、糖色、葱段、姜片、花椒粒、甘草、精盐、料酒、鸡精熬煮30分钟成卤汁，关火。

3 放入鸡爪浸泡约1.5小时至入味，食用时取出鸡爪，码放在盘内，撒上红辣椒粒，淋入香油即可。

营养·窍门 Tips for others

鸡爪含有丰富的胶原蛋白，胶原蛋白在酶的作用下，能提供皮肤细胞所需要的透明质酸，使皮肤水分充足保持弹性，从而防止皮肤松弛起皱纹。

辣椒泡凤爪

📖**名厨笔记** 传统上的辣椒泡凤爪是把煮熟、晾凉的鸡爪，直接放入四川家家都有的泡菜坛内腌泡而成，而我们介绍的辣椒泡凤爪是在传统风味上加以改进而成，具有肉质滑嫩、咸鲜微辣，回味微酸，椒味浓郁的特点。

原料 Ingredients

鸡爪（凤爪）	12只
青尖椒、红辣椒	各50克
姜丝	20克
蒜蓉	30克
白糖	5大匙
味精	1小匙
白醋	2大匙
辣椒粉	3大匙
虾酱	1大匙

做法 Method

① 青尖椒、红辣椒洗净，去蒂去籽，切成菱形块；鸡爪洗净，剁去爪尖，放入沸水锅中焯透，捞出、冲净，然后用凉开水浸泡12小时。

② 蒜蓉、白糖、虾酱、白醋、味精、辣椒粉放入小碗中调匀，制成泡腌料。

③ 把青尖椒、红辣椒、鸡爪、姜丝拌匀，一层一层地码入泡菜坛中，每层中间抹匀泡腌料，置于阴凉处腌渍24小时，再移冰箱中冷藏，食用时取出即可。

豉椒泡菜白切鸡

📖**名厨笔记** 白切鸡为广东传统风味菜肴,成品具有色泽淡雅,保持原味等特点。而豉椒泡菜白切鸡是在白切鸡的基础上,增加了一些川菜特有的调味料,比如四川泡菜、青红尖椒、豆豉辣酱等,成菜口味鲜香,麻辣适口。

原料 Ingredients

净仔鸡	1只(约1000克)
四川泡菜	100克
青尖椒、红尖椒	各25克
熟芝麻	10克
花椒	15克
葱段、姜块	各20克
蒜瓣	12克
味精	1小匙
白糖	1大匙
豆豉辣酱	3大匙
酱油	5小匙
植物油	适量

做法 Method

1 葱段洗净,切成末;姜块、蒜瓣分别去皮,洗净,均切成末;将仔鸡洗涤整理干净,沥去水分,从中间破开,切成两半。

2 锅中加入适量清水,放入仔鸡煮沸,再转小火续煮5分钟,取出、晾凉,剁成大块,放入盘中;四川泡菜切成小丁;青尖椒、红尖椒分别去蒂,洗净,均切成椒圈。

3 锅中加入植物油烧热,下入花椒炸成花椒油,再加入葱末、姜末、蒜末、豆豉辣酱炒出香味,出锅装碗。

4 加入酱油、熟芝麻、白糖、味精,放入泡菜丁、青红椒圈拌匀,浇淋在鸡块上即成。

大 V 点评 Comment from Vip

V 搭配白切鸡的调料,各地都有不同,可以说千变万化,调料配制的不同也形成了各自独特的口味。调料组合得当,不仅具有特殊的香气,而且可获得意想不到的异味,使白切鸡更为脍炙人口。

营养·窍门 Tips for others

　　鸡肉与畜肉比较, 脂肪含量低, 脂肪中饱和脂肪酸少, 而亚油酸较多, 有温中益气、补精添髓之功效, 对虚老食少、产后缺乳、病后虚弱、营养不良等症均有一定的治疗和保健效果。

怪味鸡块

📖名厨笔记 怪味是四川菜中比较独特的味型，是以川盐、酱油、花椒粉、白糖、蒜蓉、味精、辣椒油、香油等多种调料调制而成，也有加入姜米、蒜米、葱花的。怪味味型特点是咸、甜、麻、辣、酸、鲜、香并重而协调，故以怪味名之。

原料 Ingredients

净仔鸡	1只(约750克)
熟芝麻	25克
葱末	15克
味精、花椒粉	各少许
辣椒油	1大匙
酱油、白糖	各4小匙
白醋、芝麻酱	各2大匙
香油	2小匙

做法 Method

1 将仔鸡洗净，放入清水锅中煮约30分钟至刚熟，捞出、晾凉，剁成小块，码入盘中。

2 将芝麻酱放入小碗中，加入少许清水调开，放入酱油、白醋、香油调拌均匀。

3 再放入白糖、花椒粉、辣椒油、味精、葱末、熟芝麻拌匀成怪味汁，浇在鸡块上即可。

辣油木耳鸡

📖名厨笔记 辣油木耳鸡是一道创新风味菜式，是以鸡肉（带皮、带骨）为主料，搭配水发木耳，加上香菜、花椒油、鸡汤、辣椒油等拌制而成，成品具有红黑相映，鸡肉软嫩，木耳脆滑，口味香辣等特色，是一道佐酒的上好佳肴。

原料 Ingredients

净鸡肉	400克
水发木耳	50克
葱白	20克
香菜段	10克
姜片、葱段	各5克
白糖、精盐、味精	各少许
花椒油、香油	各1小匙
酱油、料酒	各2小匙
鸡汤	1大匙
红油（辣椒油）	2大匙

大 V 点评
Comment from Vip

鸡肉和木耳搭配拌制成菜，是一个不错的选择，其营养搭配均衡，还有比较好的滋补效果，如果再加上一些竹笋或芦笋，效果会更佳。

做法 Method

1 将鸡肉洗净，放入加有姜片、葱段、料酒及适量清水的锅中煮至断生，捞出、晾凉，剁成小块；葱白洗净，切成马耳朵形。

2 水发木耳择洗干净，撕成小朵，放入沸水锅中焯烫一下，捞出、晾凉。

3 取大碗，加入精盐、味精、白糖、酱油、花椒油、香油、红油、鸡汤调匀成味汁，再放入鸡块、木耳、葱白拌匀，撒上香菜段，即可上桌食用。

腌泡凤爪

📖名厨笔记 腌泡凤爪以色泽洁白、皮韧肉香而著称，其既能登大雅之堂，也为普通老百姓所喜爱，还有开胃生津、促进血液循环的功效。四川成都是腌泡凤爪的发源地，几乎每一个风味卤菜拌菜店都有腌泡凤爪出售。

原料 Ingredients

鸡爪（凤爪）	500克
卤料包	1个
（花椒、甘草各10克，香叶5	
克，大葱1棵，老姜1块）	
精盐	3大匙
料酒	2大匙
味精	1大匙
鸡精	4小匙

做法 Method

1 将鸡爪去掉筋皮等，用清水洗净，下入沸水锅内焯烫一下，捞出后去除爪尖，再放入清水锅中煮至熟，然后捞出，用冷水冲净。

2 坐锅点火，添入适量清水，先将卤料包放入锅中烧沸，再加入精盐、料酒、味精、鸡精熬煮约2小时，制成白卤汤，晾凉备用。

3 将煮熟的鸡爪放入晾凉的白卤汤中拌匀，浸卤12小时至入味，食用时捞出，码放在盘内，淋上少许卤汤即成。

V 腌泡凤爪是一道简单实用的菜式，感觉在腌泡时可以加上一些泡菜水，或者加上一瓶泡椒，成品泡椒给凤爪增添了酷烈的气质，口味会更加棒。

大V点评

营养·窍门 Tips for others

与一些畜肉不同的是,鸭子中微量元素钾含量很高,还含有较高量的铁、铜、锌等,有滋阴补虚、利尿消肿的功效,对健康大有益处。

巴蜀酱鸭

📖名厨笔记 本菜介绍的巴蜀酱鸭是家常做法,制作时需要注意鸭子入锅后要改小火,不能大沸,一是为了使鸭子熟透,二是不使鸭子破皮,保持鸭皮完整;煮鸭时要经常翻动鸭身,熟透入味;鸭子捞出后,冷却后可以剁成块,以保持鸭形完整。

原料 Ingredients

净鸭	1只(约1000克)
葱段、姜片	各15克
精盐	2小匙
鸡精	1小匙
料酒	2大匙
酱汤	适量
香油	1大匙

做法 Method

① 把净鸭剁去翅尖、鸭掌,用清水洗净,沥干水分,加入精盐、葱段、姜片拌匀,腌约4小时。

② 锅置火上,加入适量清水,放入鸭子烧沸,焯烫出血水,捞出、洗净。

③ 锅中加入酱汤,放入鸭子煮至沸,撇去表面浮沫,加入葱段、姜片和料酒,转小火酱煮至熟嫩,捞出、晾凉,刷上香油,即可装盘上桌。

营养·窍门 Tips for others

鸭脖肉质细嫩，其本身高蛋白，低脂肪，富含多种微量元素，经常食用有健体美颜、开胃益食、益气养血、除湿去烦、开胃健脾的效果。

香辣鸭脖

📖名厨笔记 香辣鸭脖色泽红亮,鸭脖软嫩,口味香辣,是佐酒佳品。这里鸭脖吃起来要有韧劲才好吃,所以不要煮太久,而鸭脖之所以入味,就是靠在味汁中泡出来的,所以煮好的鸭脖不要立刻捞出,让它在味汁中浸泡至入味。

原料 Ingredients

鸭脖	500克
大葱、姜块	各15克
香叶	10片
丁香	10粒
砂仁	8粒
花椒	5克
桂皮	1大块
八角	4个
草蔻	2粒
干辣椒、小茴香	各少许
精盐、白糖	各1小匙
料酒	4大匙
红曲米、香油	各2小匙

做法 Method

① 将大葱去根,择去老叶,洗净,切成段;姜块去皮,洗净,切成片;鸭脖去除杂质,洗净,剁成大块,放入容器中,加入葱段、姜片和精盐拌匀,腌30分钟。

② 锅置火上,放入少许葱段、姜片、香叶、砂仁、草蔻、小茴香、花椒、丁香、八角、桂皮。

③ 再烹入料酒,加上白糖、红曲米、干辣椒、适量清水烧沸,熬煮30分钟成浓汁,然后放入腌好的鸭脖,用旺火煮约20分钟。

④ 关火后在汤汁中把鸭脖浸泡至入味,取出鸭脖晾凉,表面刷上香油,装入盘中,即可上桌。

大 ∨ 点评 Comment from Vip

V 非常喜欢的一道菜肴,要说明的是味汁使用的香料,可以按自己喜欢适量添加,想卤出漂亮的红色,除了红曲米外,也可以加上一些南乳汁,也一样提色。另外还可以把鸭脖先浸泡几小时后再重新开火收汁,浸泡后收汁,味道会更浓郁。

营养·窍门 Tips for others

鸭肉的营养成分均衡，其药用价值很高，含有丰富的钙、磷、铁和多种维生素等营养成分，对低热、肺结核、贫血、食少、便秘等症状有明显的食疗功效。

五香酱鸭

名厨笔记 五香鸭子是以鸭子为主料，加上五香料包和调料，用酱的技法加工而成，具有色泽金红，皮酥香，肉鲜烂，酱香浓厚的特点，是佐酒佳肴。制作好的五香酱鸭也可以再用油冲炸一下，作为热菜上桌。

原料 Ingredients

净鸭	1只(约2000克)
香料包	1个

(甘草、陈皮各2片，花椒粒、丁香各3克，草果、八角各1粒)

大葱	20克
姜块	10克
精盐	1小匙
白糖	1/2大匙
酱油、香油	各2大匙

做法 Method

1 鸭子洗净，剁去脚掌，放入清水锅中烧沸，焯煮10分钟，捞出鸭子，换清水冲净，沥净水分，剁成大块；大葱洗净，切成小段；姜块去皮，切成大片。

2 锅中加入适量清水，放入香料包、精盐、酱油、白糖、葱段、姜片煮成酱汁。

3 再下入鸭肉块烧沸，转小火酱煮至鸭块熟嫩入味，出锅盛入大碗中，淋上香油，晾凉后上桌即可。

麻辣鸭掌

名厨笔记 传统上的麻辣味是以辣椒、花椒、麻椒、精盐、料酒和味精等调制而成，为川菜中较为常见的味型，其特点为香辣咸鲜，回味略甜。用麻辣味可以加工多种原料，其中常见的有鸡胗、鸡腿、鸡翅、鸭腿、鲫鱼等。

原料 Ingredients

鸭掌	300克
葱丝	50克
精盐	2小匙
酱油	1大匙
味精、白糖	各1小匙
花椒粉、香油	各少许
辣椒油	3大匙

做法 Method

1 鸭掌洗净，放入清水锅中煮至肉能离骨，捞出、过凉，用小刀沿着掌背的掌骨划几刀。

2 然后用手理出骨骼，一步一步将其全部去除，再剁去趾尖，撕去老皮，将形大的鸭掌改刀切成两半。

3 把精盐、味精、酱油、白糖、辣椒油、香油、花椒粉放入容器中调匀成麻辣，再加入鸭掌、葱丝翻拌均匀，即可装盘上桌。

V 上面介绍的麻辣鸭掌是一道经过改良，更适合家庭制作的美味凉菜。调料上也可以添加一些五香料、葱段、姜块、干辣椒等，口味上会更为浓厚。

大 V 点评

蒜蓉舌掌

📖名厨笔记 鸭舌、鸭掌都是非常有特点的原料，其含有比较丰富的蛋白质、脂肪、维生素A、烟酸、铁、硒等营养素，有养胃、滋阴、补血、生津等功效。用鸭舌、鸭掌为主料，搭配蒜蓉、辣椒油等制作成菜，具有色泽淡雅、软嫩清香、蒜香味美的特点。

原料 Ingredients

鸭掌	300克
鸭舌	250克
大蒜	100克
精盐	4小匙
味精	2小匙
香油、辣椒油	各2大匙

大 V 点评
Comment from Vip

V 比较有特色的一道菜式，因为鸭掌、鸭舌是直接用清水煮制而成，所以本菜的关键是首先调好味汁，然后拌匀鸭舌、鸭掌后需要腌渍入味才爽口。

做法 Method

1 大蒜剥去外皮，洗净、沥水，剁成蒜蓉；将鸭掌、鸭舌洗涤整理干净，放入沸水锅中煮至八分熟，捞出鸭舌、鸭掌冲凉，去骨留肉。

2 取一大碗，加入蒜蓉、精盐、味精、香油、辣椒油调拌均匀成味汁。

3 放入脱骨的鸭掌、鸭舌拌匀，放入冰箱内腌渍24小时，食用时捞出，装盘上桌即可。

营养·窍门 Tips for others

鸭肝含有比较丰富的蛋白质、脂肪、碳水化合物、胡萝卜素、各种维生素和矿物质，中医认为鸭肝有补肝、明目、养血、补血的功效，主治血虚萎黄、夜盲、目赤、水肿、脚气等症。

盐水鸭肝

名厨笔记 盐水鸭肝要做得好吃，香料的用量要注意，太少了味道不够，太多了则会掩盖鸭肝的鲜香。香料要先用水煮一会儿，让香料的味道充分煮出来，这样鸭肝才能更加入味。煮好后的鸭肝要继续浸泡在原汁中，让鸭肝充分地吸收香料水的味道变得更加美味。

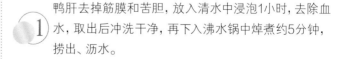

原料 Ingredients

鸭肝	500克
葱段	30克
姜片	15克
花椒、八角	各10克
香叶、桂皮	各5克
精盐	1大匙
味精	1小匙
料酒	2大匙

做法 Method

1. 鸭肝去掉筋膜和苦胆，放入清水中浸泡1小时，去除血水，取出后冲洗干净，再下入沸水锅中焯煮约5分钟，捞出、沥水。

2. 净锅置火上烧热，加入清水、精盐、味精、花椒、八角、葱段、姜片、料酒、香叶、桂皮熬煮5分钟出香味，下入鸭肝烧沸，然后转小火煮至熟。

3. 离火后将鸭肝浸泡在原汁内，浸泡约4小时至入味，食用时捞出，切成薄片，装盘上桌即成。

如意蛋卷

📖**名厨笔记** 如意蛋卷又称川味如意卷，是鸡蛋皮包裹上馅料，用蒸的技法加工而成，具有形色美观，质细嫩爽口，咸鲜醇香的特点。制作上需要注意紫菜（可以用海苔替换）与肉馅要粘牢；蒸如意卷时忌用旺火；蛋卷粗细要均匀，使成形美观。

原料 Ingredients

猪肉馅	200克
鸡蛋	3个
紫菜	2张
枸杞子	10克
葱末、姜末	各5克
精盐、胡椒粉	各1小匙
料酒、香油	各1大匙
水淀粉、淀粉	各适量
植物油	适量

做法 Method

① 将猪肉馅放在容器内，先放入葱末和姜末搅拌均匀，再加入精盐、料酒、香油和胡椒粉，磕入1个鸡蛋拌匀上劲成馅料。

② 把洗净的枸杞子沥水，剁碎，放入肉馅中调拌均匀，静置30分钟。

③ 鸡蛋2个磕入碗内，加入水淀粉和少许精盐拌匀，入锅摊成鸡蛋皮，取出放在案板上，先撒上少许淀粉，放上紫菜，再撒上淀粉。

④ 猪肉馅料涂抹在紫菜上，撒上淀粉，从两端朝中间卷起成如意蛋卷生坯，整齐地码入刷有少许植物油的笼屉中，上火蒸20分钟，取出晾凉、切成大片即成。

大 V 点评 Comment from Vip

V 肉馅、鸡蛋、紫菜、枸杞等搭配而成的如意蛋卷是孩子们的最爱，曾经做过近似的一道菜，只是把本菜介绍的猪肉馅用鱼肉和虾仁替换了，还加上少许的水发木耳和马蹄碎，口感软嫩，清香味美。

营养·窍门 Tips for others

　　鸡蛋、猪肉馅、紫菜、枸杞等均是营养丰富的原料，搭配制作成如意卷食用，对神经系统和身体发育有非常好的作用，能够健脑益智，改善记忆力，并促进肝细胞再生。

豆瓣拌鸭舌

📖名厨笔记 鸭舌为雉科动物鸭的舌头，位于鸭的口腔内。鸭舌呈长条状，外皮为一层薄膜包裹的瘦肉，内有小脆骨穿插其间，非常有特点。鸭舌可用多种技法加工成菜，本菜中鸭舌的软嫩，青笋的清香，加上豆瓣的香浓，是一道非常好的佐酒佳品。

原料 Ingredients

卤鸭舌	250克
青笋尖	50克
葱花、蒜泥	各10克
精盐、味精	各2小匙
料酒	1小匙
辣椒油	1大匙
豆瓣	2大匙
植物油	适量

做法 Method

① 青笋尖洗净，先切成四半，再切成与鸭舌长短相同的段，放入沸水锅中焯至断生，捞出、沥水，放入盘中垫底，然后放上卤鸭舌。

② 锅中加入植物油烧至四成热，下入豆瓣爆香出色，出锅倒入碗中晾凉。

③ 豆瓣碗内再加入精盐、味精、料酒、蒜泥、辣椒油、植物油调匀成味汁，浇在鸭舌上，撒上葱花即成。

麻辣鸭舌

📖**名厨笔记** 在制作鸭舌菜肴时需要根据加工技法的不同而灵活掌握烹调用火,如用卤制方法制作鸭舌时需要烧沸后用中小火卤煮至熟,卤好的鸭舌不要立即取出,而是要浸泡在卤汁内使之入味,而用炒的方法制作鸭舌时需要用旺火,且动作要迅速,以使鸭舌受热均匀。

原料 Ingredients

鸭舌	350克
香菜	20克
熟芝麻	15克
葱段	10克
姜片	5克
精盐	1小匙
味精、白糖	各1/2小匙
料酒	1大匙
花椒油、辣椒油	各2小匙

大 V 点评
Comment from Vip

我曾经吃过最难忘的麻辣鸭舌无疑在四川,虽然是一家很不起眼的卤味小馆,但是味道却令人难忘。这就是我所喜爱的美食,亲切而家常。

做法 Method

①把鸭舌洗涤整理干净,放入清水锅中,上火焯烫一下,捞出、冲净;香菜洗净,切成碎末。

②净锅置火上,加入适量清水,先放入葱段、姜片、料酒烧沸,再下入鸭舌,再沸后改用中小火煮至鸭舌熟透,捞出、晾凉,盛入容器中。

③精盐、味精、白糖、花椒油、辣椒油放入小碗调匀,制成麻辣味汁,浇淋在鸭舌上,再撒上熟芝麻、香菜末拌匀,即可装盘上桌。

椒麻卤鹅

📖名厨笔记 椒麻味是川菜使用比较多的味型之一，是以四川特产的花椒为主要调味品，再搭配川盐、酱油、葱叶、味精、香油等调制而成，特点是咸鲜味麻，葱香味浓。椒麻味一般用于制作以鸡肉、兔肉、猪舌为原料的菜肴，成品如椒麻鸡片、椒麻舌掌等。

原料 Ingredients

净鹅肉	500克
葱叶	30克
花椒粒	10克
精盐	1小匙
味精	1/2小匙
植物油	2大匙
卤水	1000克

做法 Method

1. 把鹅肉洗涤整理干净，放入清水锅中，上火焯烫5分钟，捞出鹅肉、沥干；花椒、葱叶分别洗净，剁成蓉，制成椒麻糊。

2. 净锅置火上，加入卤水煮沸，放入鹅肉，再沸后改用小火卤煮1.5小时至熟嫩，捞出、晾凉，去骨后剁成条，码入盘中。

3. 坐锅点火，加入植物油烧至六成热，倒入碗中，放入椒麻糊、精盐、味精调匀，浇在鹅肉上即可。

V 鹅肉的纤维较鸡肉、鸭肉相比略粗，色泽多为浅红色，略带腥异味，因此在烹调鹅肉菜肴时，我会先采用焯水或过油的方法进行粗加工，以使成品洁净，口感鲜香。 **大 V 点评**

营养·窍门 Tips for others

鸽蛋含有优质的蛋白质、卵磷脂和多种营养素，可以改善皮肤细胞活性、皮肤中弹力纤维性，增加颜面部红润，改善血液循环、增加血色素等功能。

香熏鸽蛋

📖**名厨笔记** 香熏鸽蛋是一道家常佐酒小菜，成菜具有色泽黄亮，鸽蛋软嫩，茶香味美的特色，煮鸽蛋时为了防止鸽蛋破裂，需要冷水下锅，并加上少许盐，用中小火慢慢烧沸并煮2分钟左右停火，稍等片刻后捞出鸽蛋，用冷水过凉即成。

原料 Ingredients

鸽蛋	400克
精盐	1大匙
味精	1小匙
白糖	3大匙
香油	少许
大米	100克
茶叶	10克
卤料包	1个

（姜片、鸡油各20克，八角、肉蔻、砂仁、白芷、桂皮、丁香、小茴香各少许）

做法 Method

① 鸽蛋刷洗干净，放入清水锅中，上火煮至熟，捞出鸽蛋，用清水过凉，剥去外壳。

② 将鸽蛋下入锅中，加入适量清水，放入卤料包、精盐、味精和少许白糖烧沸，卤煮约3分钟，然后关火浸泡5分钟，捞出、沥干。

③ 净锅置火上烧热，撒入大米、茶叶（浸湿）、白糖，架上一个箅子，放上卤好的鸽蛋，盖严锅盖，旺火熏3分钟，取出刷上香油，装盘上桌即成。

PART2

美味热菜

营养·窍门 Tips for others

　　茄子中含有的维生素P能增强人体细胞间的黏着力, 提高微细血管对疾病的抵抗力, 并可防止出血, 对微小血管有保护作用。所以多吃茄子对高血压、动脉硬化症等患者非常有益。

鱼香脆茄子

📖名厨笔记 鱼香茄子是川菜中比较有代表性的鱼香味型的名菜，主料为茄子，配以多种辅料和调料加工烧制而成。鱼香茄子有多种不同制法，其味道鲜美，营养丰富。鱼香茄子与鱼香猪肝、鱼香肉丝等川菜齐名，深受欢迎。

原料 Ingredients

圆茄子	400克
青椒	80克
红椒	50克
姜丝、蒜末	各10克
葱花	5克
精盐	2小匙
味精	少许
淀粉	3大匙
白糖、豆瓣酱	各1/2大匙
酱油	4小匙
米醋、料酒	各2大匙
水淀粉	1大匙
植物油	适量

做法 Method

1. 青椒、红椒分别去蒂和籽，洗净，沥干水分，切成小条；茄子去皮，洗净，沥去水分，切成条。

2. 茄条放入清水盆中，加入精盐拌匀，浸泡10分钟，捞出茄条，攥干水分，加入淀粉拌匀。

3. 将酱油、料酒、米醋、白糖、味精、葱花、姜丝和少许蒜蓉放入碗中调匀成味汁。

4. 锅置火上，加入植物油烧热，放入茄子条炸至浅黄色，捞出；再放入青红椒条滑炒一下，捞出、沥油。

5. 锅中留底油烧至六成热，放入豆瓣酱和调好的味汁炒匀，用水淀粉勾薄芡，撒入剩余的蒜末，倒入炸好的茄子条和青红椒条炒匀，出锅装盘即可。

大 V 点评 Comment from Vip

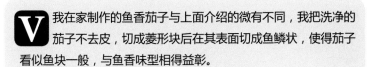

V 我在家制作的鱼香茄子与上面介绍的微有不同，我把洗净的茄子不去皮，切成菱形块后在其表面切成鱼鳞状，使得茄子看似鱼块一般，与鱼香味型相得益彰。

营养·窍门 Tips for others

　　茄子含有的维生素E较多,有防止出血和抗衰老功能,常吃茄子,可使血液中胆固醇水平不致增高,对延缓人体衰老有比较好的效果。

泡椒茄条

📖名厨笔记 鲜嫩的茄条,配上四川特产的泡红辣椒等烧焖而成的泡椒茄条,色泽红润、软嫩鲜辣,泡椒味浓,是一款非常好的下饭菜肴,按照此方法,还可以制作多款其他泡椒菜式,比如泡椒竹笋、泡椒鸡块、泡椒烧焖鱼等。

原料 Ingredients

茄子	500克
泡红辣椒末	50克
葱花、姜末、蒜蓉	各10克
白糖	4小匙
味精、酱油	各2小匙
米醋、水淀粉	各1大匙
面粉	2大匙
鲜汤	100克
花椒油、植物油	各适量

做法 Method

① 茄子去蒂,去外皮,切成小条,滚上面粉,放入热油中炸至五分熟,捞出、沥油。

② 锅中留少许底油,复置火上烧热,下入泡红辣椒末、姜末、葱花、蒜蓉炒香,添入鲜汤烧沸。

③ 放入茄条,加入白糖、米醋、酱油、味精,转小火烧焖至茄条入味,用水淀粉勾芡,淋入烧热的花椒油翻匀,出锅装盘即可。

豆瓣茄子

📖名厨笔记 豆瓣酱为四川特产，以胡豆为原料，经去壳、浸泡、蒸煮制成曲，然后按传统方法下池，加醪糟、白酒、盐水淹及豆瓣，任其发酵而成。豆瓣酱色泽红亮油润，味辣而鲜，是川菜的重要调味品，以郫县所产为佳。

原料 Ingredients

茄子	300克
葱段	15克
姜片	10克
蒜片	5克
白糖	1大匙
豆瓣酱	2大匙
植物油 1000克（约耗50克）	

做法 Method

1. 茄子去蒂，洗净，切成小条，放入清水中浸泡5分钟，捞出、攥干水分。

2. 锅置火上，加入植物油烧至六成热，放入茄条炸至软嫩，捞出、沥油。

3. 锅中留底油烧热，下入葱段、姜片爆炒出香味，加入豆瓣酱炒香，然后放入炸好的茄条烧至入味，加入蒜片和白糖炒匀，出锅装盘即可。

V 针对喜欢吃茄子又怕油的朋友们，您可以做一道最省油的豆瓣茄子，锅置火上加热，不用放油，直接把茄子倒入锅里煸炒，边煎边翻锅直煸到茄块变软，水分出干后起锅，加上调料等烧至入味即成。

大 V 点评

干煸土豆片

📖**名厨笔记** 干煸是川菜烹饪中很有特色的一种烹调技法,其多用中火,将经过加工成丝,条状的原料在中火上,用少许油在锅中不断翻拨煸炒,使其脱水成熟并呈干香的口感,此法的妙处在于不论是用鱿鱼丝、牛肉丝、猪肉丝等荤料,还是土豆片、冬笋等素料,成菜后都有酥软干香的特点。

原料 Ingredients

土豆	500克
香菜	50克
红干椒	15克
蒜末	5克
精盐	1/2大匙
味精	1小匙
白糖、花椒油	各1/2小匙
香油	1/2小匙
植物油	适量

大 V 点评
Comment from Vip

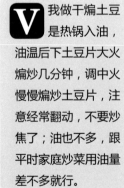

V 我做干煸土豆是热锅入油,油温后下土豆片大火煸炒几分钟,调中火慢慢煸炒土豆片,注意经常翻动,不要炒焦了;油也不多,跟平时家庭炒菜用油量差不多就行。

做法 Method

① 将土豆去皮,洗净,切成薄片,放入烧至七成热的油锅中炸至金黄色,捞出、沥油。

② 将香菜去根和老叶,洗净,切成小段;红干椒洗净,去蒂及籽,切成细丝。

③ 锅中加上植物油烧热,下入红干椒丝、蒜末炒出香味,放入土豆片,加入精盐、白糖、味精炒至入味,撒入香菜段,淋入花椒油、香油炒匀,即可出锅装盘。

营养·窍门 Tips for others

蒜薹又称蒜毫，是从抽薹大蒜中抽出的花茎，搭配富含蛋白质的腊肉等炒制成菜，具有温中下气，补虚，调和脏腑，以及活血、防癌、杀菌的功效，对腹痛、腹泻有一定疗效。

腊肉蒜薹

📖名厨笔记 腊肉蒜薹是湖南家常风味小吃，腊肉的干香、蒜薹的鲜辣巧妙搭配，是佐酒下饭的佳肴。传统腊肉蒜薹一般会加上少许的生抽或酱油，但我们这道菜品，没有加上生抽，而是淋上少许米醋，口味更佳，但需要注意醋不要放多，有醋香但没有醋酸为宜。

原料 Ingredients

蒜薹	400克
腊肉	100克
姜末	5克
香油	1小匙
精盐	1/2小匙
米醋	1小匙
葱油	2大匙
味精	少许

做法 Method

① 将腊肉洗净，切成细条，放入蒸锅内蒸至熟透，取出，放入沸水锅中焯去咸味，捞出、沥干；蒜薹择洗干净，切成小段。

② 净锅置火上，加入葱油烧热，先下入姜末炒出香味，放入腊肉条、蒜薹段炒至断生。

③ 然后烹入米醋，加上精盐、味精翻炒至入味，淋入香油，出锅装盘即成。

回锅菜花

📖名厨笔记 一提起四川菜，大家首先会想到回锅肉，而回锅肉也有国菜之别名，今天给朋友们介绍的回锅菜花是按照回锅肉的调料，把主料改为菜花炒制而成。制作上需要注意菜花瓣要大小均匀；豆瓣酱等要煸炒出香味，使成菜滋润清香即可。

原料 Ingredients

菜花	250克
五花肉	100克
香菇	50克
青蒜	少许
葱末、姜末	各10克
蒜末	15克
精盐、味精	各1小匙
白糖、米醋	各2小匙
甜面酱、豆瓣酱	各1大匙
香油、植物油	各适量

做法 Method

1. 菜花洗净，切成小朵，放入淡盐水中浸泡片刻，放入沸水锅中焯烫一下，捞出、沥干。

2. 五花肉洗净，切成薄片；香菇去蒂，洗净，切成小块；青蒜去根和老叶，洗净，切成小段。

3. 锅置火上，加入植物油烧至六成热，放入五花肉片略炒一下，放入香菇、葱末、姜末、蒜末炒至变色，然后加入豆瓣酱、甜面酱和菜花翻炒均匀。

4. 再加入白糖、米醋、香油、味精、精盐调好口味，撒上青蒜段，淋入香油，出锅装盘即成。

大 ∨ 点评 Comment from Vip

V 我做过几次回锅菜花之类的菜式，与上面有所不同，主料我选用菜花和西蓝花一起搭配炒制，成品称为回锅菜花；调料上我不使用甜面酱，用豆瓣酱搭配豆豉、郫县豆瓣一起成菜，色泽美观，浓香适口。

营养·窍门 Tips for others

有些人的皮肤一旦受到小小的碰撞和伤害就会变得青一块紫一块，这是因为体内缺乏维生素K的缘故。补充的最佳途径就是多吃菜花，多吃菜花还会使血管壁加强，不容易破裂。

四季豆含有一种称为离胺酸的氨基酸成分，离胺酸有美肤的效果，它可使我们的肌肤常保光泽美丽，此外四季豆中的膳食纤维可清扫肠道，预防便秘等。

虾酱四季豆

📖**名厨笔记** 虾酱四季豆是一道家常下饭菜肴，调料使用的虾酱是常用的调味料之一，是用小虾加入盐，经发酵磨成黏稠状后而成。虾酱为储藏发酵食品，在储藏期间，蛋白质会分解成氨基酸，使之具有独特的清香，滋味鲜美，回味无穷。

原料 Ingredients

四季豆	500克
葱花、姜丝	各15克
蒜片	1小匙
味精、鸡精	各1/3小匙
白糖	少许
虾酱	1大匙
植物油	100克

做法 Method

① 将四季豆去掉豆筋，洗净，切成2厘米长的小段，放入加有少许精盐、植物油的沸水锅中焯烫一下，捞出、沥干。

② 锅置火上，加入植物油烧至七成热，下入四季豆段冲炸一下，捞出、沥油。

③ 锅中留底油烧热，先下入葱花、姜丝、蒜片、虾酱炒香，放入四季豆稍炒，加入味精、鸡精、白糖，用大火翻炒均匀，即可出锅装盘。

红焖小土豆

📖名厨笔记 红焖小土豆是湘西家常风味菜肴，主料使用的小土豆别看个头不大，但品质很好。小土豆的表皮较薄，颜色较浅，每个都圆滚滚的非常可爱，它的口感软糯粉面，非常可口。肉质细腻，吃起来香味十足！

原料 Ingredients

小土豆	400克
猪五花肉	100克
尖椒	50克
葱段、姜片	各10克
八角	2粒
精盐、鸡精	各1小匙
酱油、白糖	各2小匙
辣椒粉	1/2小匙
醪糟、植物油	各1大匙

大 V 点评
Comment from Vip

V 在做红焖小土豆时，最后出锅时我喜欢把少许洗净的鲜薄荷叶撕碎后撒上，成菜外表酥脆，内里绵软，味道香浓，还有鲜薄荷叶的味道。

做法 Method

1 小土豆用清水洗净，刮去外皮，放在淡盐水中备用；猪五花肉洗净，沥净水分，切成大薄片；尖椒洗净，去蒂及籽，切成滚刀块。

2 坐锅点火，加上植物油烧热，下入五花肉片煸炒至出油，放入葱段、姜片、八角、精盐、鸡精、白糖、辣椒粉、醪糟、酱油和适量清水煮沸。

3 然后下入小土豆烧焖至熟，撒上尖椒块并收汁，用锅铲将小土豆压扁，煎至上色，即可出锅装碗。

麻香土豆条

📖**名厨笔记** 土豆是最常见的原料之一。制作麻香土豆条时面糊要搅拌无颗粒状细滑，如果没有吉士粉也可不用加；土豆条煮熟后再炸，可缩短炸制时间；另外炸制的时候火不要太大，以免芝麻炸焦。

原料 Ingredients

土豆	500克
白芝麻	100克
鸡蛋	2个
红干椒、葱段	各30克
精盐、味精	各1/2小匙
淀粉	3大匙
面粉	100克
吉士粉、香油	各1小匙
植物油 1000克(约耗50克)	

做法 Method

① 将土豆去皮，洗净，切成小条；吉士粉、面粉、淀粉、鸡蛋和适量清水调匀成面糊。

② 把土豆条放入沸水锅中稍煮片刻，捞出，沥净水分，裹上一层面糊，蘸上白芝麻，下入烧至五成热的油锅内炸至金黄色，捞出、沥油。

③ 锅中留少许底油烧热，先下入红干椒、葱段煸炒出香辣味，再放入土豆条、精盐、味精翻炒均匀，然后淋入香油，出锅装盘即成。

Ⅴ 切开的土豆条遇空气易氧化变色，所以最好把土豆条放入清水中，等烹调时再取出制作菜肴，但需要注意土豆条不要浸泡得太久而致使水溶性维生素等营养流失。 大 Ⅴ 点评

营养·窍门 Tips for others

小土豆能供给人体大量有特殊保护作用的黏液蛋白,预防心血管系统的脂肪沉积,保持血管的弹性,有利于预防动脉粥样硬化的发生。

三椒小土豆

📖**名厨笔记** 三椒小土豆是用土豆搭配三种辣椒烧焖而成,是一道美味的下饭菜。制作时可根据每个人的吃辣程度选择美人椒、小米椒和杭椒。如果喜欢辣味十足的话,也可以加上少许泡椒一起成菜。

原料 Ingredients

小土豆	500克
米椒、杭椒	各50克
美人椒	30克
葱花、蒜末	各5克
料酒、精盐	各1大匙
味精、香油	各1小匙
白糖	2小匙
鲜汤	200克
植物油	2大匙

做法 Method

1 米椒、杭椒、美人椒分别去蒂及籽,洗净,再分别切成碎粒,加入精盐拌匀; 小土豆刮去外皮,用清水洗净。

2 净锅置火上,加入植物油烧至六成热,先下入米椒粒、杭椒粒和美人椒粒稍炒。

3 撒上葱花、蒜末炒香,添入鲜汤、料酒烧沸,放入小土豆、精盐、白糖调匀,小火烧焖至小土豆熟嫩,加入味精炒匀,淋上香油,出锅装碗即成。

营养·窍门 Tips for others

　　香菇、冬笋、木耳等的营养比较丰富，搭配而成的素鱼香肉丝不仅色泽红润，口味鲜辣，还有滋补脾肺、散寒驱风、舒筋活络的功效，可用于肝炎、慢性胃炎、软骨病、高血压等辅助治疗。

素鱼香肉丝

名厨笔记 鱼香肉丝是川菜中的传统名菜。在四川烹制许多风味菜肴时,都离不开泡辣椒,这种泡辣椒当地又称鱼辣子,其传统制作方法是把几条鲜活的鲫鱼与泡辣椒等一起放入小坛内,盖严坛盖后腌制(约60天)而成,为制作鱼香肉丝的主要调料。

原料 Ingredients

鲜香菇	300克
冬笋	100克
韭黄段	70克
水发木耳	40克
青椒丝、红椒丝	各20克
葱丝、姜丝	各15克
精盐、胡椒粉	各1小匙
白糖	3小匙
泡辣椒	4大匙
料酒、酱油	各2小匙
陈醋	4小匙
淀粉、水淀粉	各2大匙
植物油	适量

做法 Method

1 水发木耳去蒂,洗净,切成丝;冬笋洗净,切成丝;鲜香菇去蒂,洗净,剪成丝状,放入大碗中,加入2小匙料酒、1小匙精盐、胡椒粉、淀粉抓拌均匀。

2 锅置火上,加入适量清水烧沸,放入香菇丝焯烫一下,捞出沥水。

3 碗中加入2小匙酱油、1大匙白糖、料酒、4小匙陈醋、少许清水调匀成味汁。

4 锅置火上,加入植物油烧热,先下入葱丝、姜丝炒香,再加入泡辣椒炒出红油,然后放入冬笋丝、青椒丝、红椒丝、木耳丝煸炒均匀。

5 烹入调好的味汁炒匀,用水淀粉勾芡,最后放入韭黄段、香菇丝翻炒均匀,出锅装盘即可。

大 V 点评 Comment from Vip

V 四川厨师常用"不过油,不换锅,临时对汁,急火短炒,一锅成菜"这些话来概括小炒的特殊风格。从小炒所用的火候可看到它的主要之点在于一个快字,火要事先准备好,燃得旺旺的,主料和辅料要准备好,在锅中只能翻炒几下,调味料也要准备好,所对的味汁下锅后推转一下就要起锅。

营养·窍门 Tips for others

白菜含有丰富的粗纤维,不但能起到润肠、促进排毒的作用,又刺激肠胃蠕动,促进大便排泄,帮助消化的功能,对预防肠癌有良好效果。

剁椒蒸白菜

📖 **名厨笔记** 剁椒蒸白菜是湖南风味家常菜肴,调料中使用的剁椒是一种用辣椒腌制成的咸菜,可直接食用,也可加工成菜品。制作时需要注意剁椒是有盐分的,因此蒸大白菜时不需要加盐,以免口味过咸。

原料 Ingredients

大白菜心	500克
剁椒	75克
葱末	10克
姜末、蒜末	各5克
蚝油	1/2小匙
蒸鱼豉油	2小匙
精盐、味精	各1小匙
植物油	适量

做法 Method

① 将大白菜心洗净,切成6瓣,下入沸水锅中烫至五分熟,捞出、沥水,码放在盘内。

② 锅置火上,加入植物油烧至六成热,下入剁椒、精盐、味精、姜末、蒜末、蚝油和蒸鱼豉油,用小火煸炒5分钟,出锅浇在白菜心上。

③ 将白菜心放入蒸锅中,用旺火蒸5分钟,取出,撒上葱末,淋入少许烧热的植物油即成。

辣炒芦笋

📖名厨笔记 芦笋有鲜美芳香的风味，膳食纤维柔软可口，能增进食欲，帮助消化。在西方，芦笋被誉为"十大名菜之一"，是一种高档而名贵的蔬菜。芦笋可以用多种加工技法成菜，除了下面介绍的炒外，炝、拌、煮也是不错的选择。

原料 Ingredients

芦笋	500克
精盐	1小匙
白糖	1/2小匙
蚝油	1小匙
味精	少许
豆瓣酱	2大匙
植物油	3大匙
水淀粉	2小匙

做法 Method

1 将芦笋去根、刮去老皮，用清水洗净，斜切成小段，放入沸水锅中焯烫一下，捞出、沥干。

2 坐锅点火，加入植物油烧至六成热，先下入豆瓣酱炒出香辣味，再放入芦笋段炒匀。

3 加入精盐、蚝油、白糖、味精炒约2分钟，用水淀粉勾芡，即可出锅装盘。

V 在家里做过几次辣炒芦笋，与上面介绍的稍有区别，一是选料上增加了茭白一起炒制，色泽白绿双色；二是调料中的豆瓣酱改用蒜蓉辣酱，蒜香辣香爽口。

大 V 点评

什锦豌豆粒

📖**名厨笔记** 什锦豌豆粒又称豌豆炒时蔬，是一道家常风味菜式，成品具有色泽美观，口味鲜咸，营养丰富的特点。选料上家庭可以根据个人喜欢而灵活替换，比如用鸡丁搭配豌豆粒、木耳、豆腐干、胡萝卜等成菜，成品称为什锦豌豆鸡丁。

原料 Ingredients

豌豆粒	200克
胡萝卜、荸荠	各80克
黄瓜、土豆	各70克
水发木耳	60克
豆腐干	50克
葱末、姜末	各15克
精盐、味精	各1小匙
白糖、料酒	各1大匙
水淀粉、清汤	各适量
植物油	少许

大 V 点评
Comment from Vip

V 春季市场可以看到有售卖新鲜豌豆粒的摊位，买了一些，做了道非常简单的番茄烩豌豆，豌豆翠绿、番茄红润，口味鲜咸，老人、孩子都喜欢。

做法 Method

1 豌豆粒洗净；胡萝卜、荸荠、黄瓜、土豆、豆腐干分别洗涤整理干净，均切成小丁；水发木耳撕成小朵，放入沸水锅中焯烫一下，捞出、过凉。

2 净锅置火上，加上植物油烧热，先下入葱末、姜末炒香，放入豌豆粒、胡萝卜、荸荠、黄瓜、土豆、木耳、豆腐干翻炒均匀。

3 加入料酒、精盐、味精、白糖、清汤炒至入味，用水淀粉勾芡，出锅装盘即成。

营养·窍门 Tips for others

丝瓜中含有草酸，与含有丰富蛋白质的猪肉馅一起制作成菜，叶酸可帮助蛋白质合成，有润肺、美肤的效果，还有助于加速伤口愈合，预防水肿或贫血等。

煎酿丝瓜

📖名厨笔记 丝瓜是夏季常食的蔬菜，含有蛋白质、糖类、维生素、矿物质、钙、磷、钾等，是一种药用价值及营养价值均很高的蔬菜。丝瓜的味道清甜，烹煮时不宜加入老抽、豆瓣酱、甜面酱等口味较重的酱料，以免成菜过于咸辣，影响丝瓜本身的口味。

原料 Ingredients

丝瓜	500克
猪肉末	150克
葱花、姜末	各15克
蒜末	10克
精盐	2小匙
味精、胡椒粉	各1小匙
白糖、水淀粉	各1大匙
香油、料酒	各1/2小匙
肉汤、淀粉	各适量
熟鸡油	少许

做法 Method

1 将丝瓜去皮，洗净，切成小段，再去除瓜瓤；猪肉末放入碗中，加入葱花、姜末、料酒、淀粉、肉汤搅匀成馅料，酿入掏空的丝瓜中，沾匀淀粉。

2 锅中加入熟鸡油烧热，下入酿好馅的丝瓜煎至两面呈金黄色，再烹入料酒，添入肉汤，盖严锅盖，改用小火焖约3分钟，出锅盛入盘中。

3 锅中底汤加上胡椒粉、精盐、白糖、味精调味，用水淀粉勾芡，淋入香油，撒上蒜末，浇在丝瓜上即可。

酸辣魔芋丝

📖**名厨笔记** 酸辣魔芋丝是四川家常风味菜肴，主料使用的魔芋又称蒟蒻，天南星科磨芋属多年生草本植物，被联合国卫生组织确定为十大保健食品之一。用魔芋加工而成的品种很多，常见的有魔芋丝、魔芋结、魔芋粉皮、魔芋虾仁、魔芋豆腐等。

原料 Ingredients

魔芋丝	150克
金针菇、芹菜	各100克
榨菜末	50克
香菜	30克
干香菇	20克
花生碎、熟芝麻	各10克
葱末、姜末、蒜末	各5克
精盐	1/2小匙
豆瓣酱	2大匙
酱油	1小匙
米醋	4小匙
辣椒油	1大匙
植物油	适量

做法 Method

① 干香菇放入粉碎机中打成粉，放入碗中，倒入开水搅匀、泡发；芹菜、香菜分别择洗干净，切成碎末；金针菇去根，洗净。

② 锅置火上，加入植物油烧热，放入豆瓣酱炒熟，再下入葱末、姜末、蒜末炒香，然后放入榨菜末、泡好的香菇粉、酱油及适量清水煮沸。

③ 再加入精盐，放入魔芋丝烫熟，捞出魔芋丝，放入大碗中；锅内再放入金针菇煮1分钟，捞入魔芋丝碗中。

④ 锅中加入米醋、辣椒油、香菜末、芹菜末、葱末、姜末、蒜末调匀成酸辣汁，出锅浇在魔芋丝、金针菇碗中，撒上花生碎、熟芝麻即成。

大 ∨ 点评 Comment from Vip

V 女性朋友介绍说，魔芋丝没什么卡路里，大部分都是纤维，是减肥人士的最爱。在朋友家吃过一次酸辣魔芋丝，她是用魔芋丝搭配一些便捷的原料和调料，用拌的方法加工而成，夏天食用味道可好了。

营养·窍门 Tips for others

　　魔芋在胃中不易被分解消化，而在肠道中被消化，促进肠系酶类的分泌与活化，将多余的脂肪及有害物质清除体外，对肥胖症、糖尿病、习惯性便秘、痔疮、胃病等有较好的食疗功效。

肉末雪里蕻

📖名厨笔记 雪里蕻又称雪菜，为十字花科植物芥菜的嫩茎叶，是芥菜类蔬菜中叶用芥菜的一个变种，芸薹属一年或二年生草本植物。用雪里蕻搭配猪五花肉制作而成的菜肴，是湖南家常风味菜肴，具有软嫩清香、鲜咸微辣的特点，是家庭佐饭拌面的佳品。

原料 Ingredients

腌雪里蕻	200克
猪五花肉	150克
葱花	10克
酱油、味精	各1小匙
白糖、料酒	各2小匙
花椒水	1大匙
清汤	4大匙
香油、熟猪油	各少许

做法 Method

① 猪五花肉洗净，切成碎末；腌雪里蕻去掉菜根，先用清水冲洗干净，再放入温水中浸泡10分钟，捞出攒干，切成小粒。

② 锅中加入熟猪油烧热，先下入葱花炒出香味，再放入猪肉末煸炒2分钟至变色，然后烹入料酒，放入雪里蕻粒翻炒均匀。

③ 再加入酱油、花椒水、白糖、味精和清汤，再沸后转小火煨烧约5分钟，最后改用旺火收浓汤汁，淋入香油，即可出锅装盘。

黄豆芽炒榨菜

📖**名厨笔记** 黄豆芽具有清热利湿、消肿除痹、祛黑痣、治疣赘、润肌肤的功效，对脾胃湿热、大便秘结、寻常疣、高血脂有食疗作用，搭配嫩嫩的榨菜丁、鲜辣的红辣椒等一起炒制成菜上桌，虽然是一道最简单的菜肴，但是非常的爽口。

原料 Ingredients

黄豆芽	300克
榨菜	100克
干红辣椒	5个
葱末、姜末	各10克
味精、白糖	各1/2小匙
酱油、料酒	各1大匙
香油	少许
水淀粉	2小匙
清汤	3大匙
植物油	2大匙

大 V 点评
Comment from Vip

非常喜欢黄豆芽，尤其是只长出一点点小芽状态的黄豆芽，如果搭配少许五花猪肉丁一起搭配炒制成菜，会是一道真正解腻开胃富含营养的家常菜。

做法 Method

① 将黄豆芽择洗干净；榨菜去皮，洗净，切成小丁，用温水浸泡20分钟，捞出、沥干；干红辣椒泡软，去蒂、去籽，切成小段。

② 锅中加上植物油烧热，先下入葱末、姜末和干红辣椒段炒出香辣味，再放入黄豆芽煸炒至软。

③ 烹入料酒，加入榨菜丁、酱油、白糖、味精和清汤翻炒至熟，用水淀粉勾芡，淋入香油，出锅装盘即成。

干烧白灵菇

📖名厨笔记 白灵菇是一种食用和药用价值都很高的珍稀食用菌，其菇体色泽洁白、肉质细腻、味道鲜美，富含蛋白质，搭配白灵、猪瘦肉和豌豆等，用干烧的技法烧焖成菜上桌，是一道特美味的家常菜。

原料 Ingredients

白灵菇	300克
猪瘦肉	50克
豌豆	20克
葱花、蒜末	各5克
味精、白糖	各1小匙
酱油、料酒	各1大匙
豆瓣酱	2大匙
鲜汤	200克
植物油	适量

做法 Method

1. 将豌豆洗净，放入沸水锅中焯烫一下，捞出、过凉、沥水；白灵菇洗净，撕成小朵，放入沸水锅内稍煮，取出；猪瘦肉洗净，切成末。

2. 坐锅点火，加入植物油烧热，下入猪肉末炒至变色，加入豆瓣酱、蒜末、葱花炒香。

3. 烹入料酒，添入鲜汤，加入白灵菇、酱油、白糖、味精烧至入味，加上焯烫好的豌豆调匀，即可出锅装盘。

V 白灵菇本身没什么味道，所以制作白灵菇菜肴时，需要借助其他配料和调料，比如火腿、海米、鱼露、蚝油、美极鲜酱油鲜汤等去提鲜，味道超好的。

大 V 点评

营养·窍门 Tips for others

猴头蘑有抗溃疡功能,可抑制胃蛋白酶活性,增强胃黏膜屏障机能,促进溃疡愈合。此外猴头蘑对消化不良、神经虚弱、身体虚弱等均有一定的疗效。

干烧猴头蘑

📖**名厨笔记** 猴头蘑色泽黄亮,口味爽滑,是一种高蛋白、低脂肪的保健食品,烹调方法以烧、烩、焖、炖为佳,也可用蒸、炒、卤等方法。本菜使用的鲜猴头蘑可直接入菜,干品猴头蘑要经过洗涤、涨发和提味三道工序。

原料 Ingredients

猴头蘑	400克
猪瘦肉、熟火腿	各50克
冬笋	25克
味精、酱油	各1小匙
料酒	1大匙
白糖	1/2小匙
豆瓣酱	2大匙
植物油	75克
鲜汤	适量

做法 Method

① 将猴头蘑择洗干净,用淡盐水浸泡片刻,取出、轻轻攥干水分,片成大片;猪瘦肉洗净,切成丁;冬笋去皮,洗净,切成丁;熟火腿切成丁。

② 坐锅点火,加入植物油烧热,先下入猪肉丁、火腿丁、冬笋丁、豆瓣酱炒出香味。

③ 烹入料酒,放入猴头蘑片,加入鲜汤、酱油、白糖和味精,用中小火烧至入味,出锅装盘即成。

营养·窍门 Tips for others

　　五花肉有补气养血、滋阴润燥的功效，与具有健胃、益气、和血、化痰作用的香干等一起制作成菜，有补血强身，滋补营养的效果，适合于病后体虚、气血不足、咳嗽气喘等症。

香干回锅肉

名厨笔记 回锅是中国川菜中一道烹调猪肉的传统菜式，所谓的回锅就是再次烹调的意思。香干回锅肉是一道普通的家常农家菜，但有着任何山珍海味都比不了的诱惑力。成菜口味独特，色泽黄亮，质韧而柔，味咸而鲜爽，闻之清香、食来细腻，肥而不腻，色香味佳。

原料 Ingredients

五花肉	400克
香干	80克
青辣椒、红辣椒	各25克
青蒜	50克
大葱、姜块	各10克
味精	少许
豆瓣酱	1大匙
甜面酱、白糖	各1小匙
料酒	2小匙
植物油	2大匙

做法 Method

① 五花肉刮净绒毛，用清水浸泡并洗净，改刀切成大块，放入清水锅中，上火煮约20分钟至近熟，捞出、晾凉，改刀切成大片。

② 青椒、红椒去蒂，洗净，切成小块；香干切成大片；大葱洗净，切成小段；青蒜去根，切成段；姜块去皮，切成片。

③ 净锅置火上，加入植物油烧至六成热，放入葱段、姜片煸香出味，再放入豆瓣酱炒出红油，然后放入五花肉片煸炒片刻。

④ 放入香干片，加入料酒、甜面酱、白糖调好口味，最后放入青辣椒块、红辣椒块、青蒜段和味精翻炒均匀，出锅装盘即可。

大∨点评 Comment from Vip

V 香干回锅肉是一道美味的下饭菜肴，我制作的方法略有不同，首先主料选用卤好的五花肉，切片后与姜丝、蒜蓉、豆瓣酱煸炒上色，加上香干和比较多的香菜同炒，最后加上白糖、料酒等精煸炒一下而成，感兴趣的朋友可以尝试一下啊。

营养·窍门 Tips for others

　　猪肉含有丰富的蛋白质和十余种氨基酸，是为人体提供优质蛋白质的理想原材料，搭配木耳、笋片成菜，可以强身健体，使人肌肤光泽健美。

合川肉片

📖**名厨笔记** 合川肉片至今已有上百年的历史。相传有一天饭店打烊后，厨师将卖剩下的肉片，用鸡蛋、淀粉等包裹，油煎后加配料和调料烹炒出来，供自己下饭。当时饭店老板感觉味道鲜美，即让厨师如法炮制，以供食客食用，并命名为合川肉片。

原料 Ingredients

猪肉	400克
水发木耳	40克
净笋片	25克
鸡蛋	1个
精盐、味精	各1/2小匙
白糖、米醋	各1小匙
豆瓣酱	1大匙
酱油、料酒	各2小匙
水淀粉、面粉	各2大匙
植物油	适量

做法 Method

① 水发木耳去蒂，撕成小块；猪肉去掉筋膜，切成大片，磕入鸡蛋，加上精盐、料酒、面粉拌匀，放入热油锅中煎至黄色，取出、沥油。

② 把酱油、料酒、米醋、白糖、味精、精盐、水淀粉放入小碗中调匀成芡汁。

③ 锅置火上，加入植物油烧至七成热，放入豆瓣酱、净笋片、水发木耳块略炒一下，再放入猪肉片，烹入汁芡翻炒均匀，出锅装盘即可。

回锅肘片

📖**名厨笔记** 四川风味菜肴中，使用回锅炒的技法加工而成的菜肴比较多，除了著名的回锅肉外，回锅肘片、回锅鹅块、回锅猪蹄等也是非常好的菜式。当然家庭中可以根据剩余的原料，制作出多款回锅菜肴。

原料 Ingredients

熟猪肘子	250克
蒜苗	25克
干红辣椒	15克
木耳	5克
葱片	10克
精盐、白糖	各2小匙
豆瓣酱、味精	各1小匙
料酒、酱油	各1大匙
白醋、植物油	各适量

做法 Method

1 熟猪肘子切成长方形薄片；红辣椒、木耳用清水泡软，择洗干净；蒜苗去根和老叶，洗净，切成小段。

2 净锅置火上，加上植物油烧至六成热，下入葱片炝锅出香味，烹入料酒，加入豆瓣酱、白醋、白糖、味精、酱油和清汤烧沸。

3 放入熟猪肘片、水发木耳块、红辣椒、精盐炒至入味，撒上蒜苗段炒匀，出锅装盘即可。

V 我在朋友家吃过一道回锅肘片菜肴，她是用韩式辣酱替换豆瓣酱使用，另外制作时除了水发木耳外，还添加了少量的胡萝卜片做点缀也不错。

大V点评

辣味肉菜心

📖名厨笔记 辣味肉菜心是四川家常风味菜肴,是以猪五花肉、油菜和木耳为主料,配上辣椒酱和调料炒制而成,具有色泽红亮,软嫩鲜咸,口味香辣的特点。制作时因为辣椒酱、酱油都含有盐分,可以不加或少加盐,以免口味过咸。

原料 Ingredients

熟猪五花肉	400克
油菜	100克
水发木耳	40克
红干椒	10克
葱花	5克
精盐、味精	各1小匙
白糖、辣椒酱	各1/2大匙
白醋	2小匙
料酒、酱油	各1大匙
植物油 750克 (约耗50克)	

大 V 点评
Comment from Vip

V 感觉是回锅肉的家常版,好的一点是炒制时增加了油菜和木耳,减少了成菜的油腻感觉,如果加上少许笋片、胡萝卜等,也许效果更佳。

做法 Method

1 熟猪五花肉切成大片,放入烧热的油锅中滑散至透,捞出、沥油;油菜去根和老叶,洗净,切成小段;水发木耳择洗干净。

2 锅中加入植物油烧热,先下入葱花炒香,再烹入料酒,加入调料、少许清水烧沸。

3 然后放入熟猪五花肉片、红干椒、木耳、油菜心炒至入味,出锅装盘即可。

营养・窍门 Tips for others

鲜嫩的猪肉片，搭配锅巴、蘑菇、菜心、木耳等制作成菜，不仅色泽美观，还可以有滋阴、润燥功效，主治热病伤津、肾虚体弱、产后血虚等症。

锅巴肉片

📖名厨笔记 锅巴肉片是四川风味名菜。用锅巴制作菜肴早在清代已有，乾隆皇帝下江南，在江苏品尝此菜以后，曾御赐天下第一菜的美名。锅巴肉片上菜时，侍应一手端盛有金黄色炸好的锅巴菜盘置席上，一手持炒好的肉片汤碗，迅速将热汁浇在锅巴上，发出响声，妙趣横生。

原料 Ingredients

猪里脊肉	150克
锅巴块	50克
蘑菇片、白菜心	各30克
水发木耳块	各25克
泡红辣椒	2根
精盐、味精	各1小匙
胡椒粉、白糖	各2小匙
酱油、米醋	各1大匙
料酒、水淀粉	各2大匙
香油、鲜汤	各适量
植物油	750克

做法 Method

1 猪里脊肉去掉筋膜，洗净，切成大片；将酱油、精盐、米醋、白糖、味精、胡椒粉、香油、料酒、鲜汤、水淀粉放入碗中调匀成味汁。

2 锅中加上植物油烧热，下入猪肉片、泡红辣椒、蘑菇片、木耳、白菜心炒匀，烹入味汁，出锅装碗。

3 净锅加入植物油烧热，下入锅巴块炸至膨松、酥脆，捞出装盘，再倒入炒好的肉片汁，上桌即成。

香辣美容蹄

📖**名厨笔记** 香辣美容蹄色泽红润,肉质糯而有弹性,口感醇厚,回味悠长,是一道有美容滋补功效的菜肴。制作此菜如果喜欢色泽更红润,可以添加糖色或红曲米增色;喜欢椒麻口味,也可以加上一些炒好的花椒制作,风味也不错的。

原料 Ingredients

猪蹄	1000克
莲藕	100克
芝麻	25克
葱花、姜片	各15克
蒜片	10克
精盐	1小匙
料酒、酱油	各1大匙
香油	2小匙
火锅调料	1大块

做法 Method

① 把猪蹄去净绒毛,用清水洗净,剁成大块,放入沸水锅中焯烫一下,捞出、沥水;莲藕削去外皮,去掉藕节,洗净,切成大片。

② 净锅置火上,加入植物油烧热,下入葱段、姜片、蒜瓣煸炒出香味,出锅垫在砂锅内。

③ 锅复置火上烧热,放入火锅调料、料酒、清水和酱油,盖上盖后用旺火烧沸,出锅倒在高压锅内,再放入猪蹄块,置火上压约20分钟至猪蹄块熟嫩。

④ 捞出猪蹄块,放在垫有葱姜蒜的砂锅内,加入莲藕片和焖猪蹄的原汤,上火用中火煮沸,撒上芝麻,淋入香油,直接上桌即成。

大 V 点评 Comment from Vip

V 常会听到周围有朋友说,猪蹄能美容,女孩子多吃点好。不过现在不了,因为猪蹄除了美容还能美体。如果想期待用猪蹄来美容需慎行。因为你在美容的同时,还美体了。因为猪蹄中含有较多脂肪,吃多了容易发胖,所以吃的时候需要适度。

营养·窍门 Tips for others

　　猪蹄中的胶原蛋白质在烹调过程中可转化成明胶，它能结合许多水，从而有效改善机体生理功能和皮肤组织细胞的储水功能，防止皮肤过早褶皱，延缓皮肤衰老。

营养·窍门 Tips for others

肘子富含胶原蛋白，有和气血、润肌肤等效果，黄豆富含植物蛋白，搭配烧焖成菜食用，可帮助胸部发育与乳汁分泌，有健胸、丰乳的效果。

东坡肘子

📖名厨笔记 东坡肘子是苏东坡妻子王弗的妙作。一次，王弗在炖肘子时因一时疏忽，肘子焦黄粘锅，她连忙加各种配料再细细烹煮以掩饰焦味，不料肘子味道出乎意料的好，顿时乐坏了东坡。苏东坡向有美食家之名，不仅自己反复炮制，还向亲友推广，于是，东坡肘子也就得以传世。

原料 Ingredients

猪肘子	1个
泡好的黄豆	50克
葱段、姜块	各15克
料包	1个
（八角、花椒、桂皮、香叶 各少许）	
精盐、鸡精	各1小匙
冰糖、料酒	各5小匙
生抽、老抽	各1大匙
高汤、植物油	各适量

做法 Method

1 把猪肘子刮洗干净，顺骨缝划一刀，放入沸水锅内焯煮5分钟，捞出，用冷水过凉，沥净水分。

2 锅中加上植物油烧热，下入姜块、葱段炒香，加入高汤、料包、精盐、料酒、生抽、老抽、鸡精、冰糖煮沸。

3 出锅倒入砂锅内，放入猪肘子、泡好的黄豆烧沸，盖上砂锅盖，小火焖至猪肘熟烂，离火稍焖使猪肘入味，捞出肘子，放入盘中，淋上少许汤汁即可。

宫保猪脆骨

📖名厨笔记 猪脆骨是俗称，又称月牙骨，指的是动物的前腿夹心肉与扇面骨相连处的一块月牙形软组织，它连着筒子骨、扇面骨，上面有一层薄薄的瘦肉，骨头为白色的脆骨，可以用多种技法，比如爆炒、烧焖、卤酱、炖煮等方法成菜上桌。

原料 Ingredients

猪脆骨	300克
花生仁	30克
干红辣椒	10克
葱白	15克
精盐、水淀粉	各少许
白糖、味精	各2小匙
豆瓣酱	4小匙
米醋、辣椒油	各1大匙
植物油	450克(约耗45克)

大 V 点评
Comment from Vip

V 物以稀为贵，一只猪身上也仅有两块月牙骨，曾经不用油，直接把洗净的月牙骨加上葱姜、花椒、八角等炖成菜食用，弹性很好且口感很糯。

做法 Method

① 将猪脆骨洗净，切成小块，加入少许味精、精盐拌匀略腌，再放入热油锅中炸至刚熟，捞出、沥油；干红辣椒去蒂，切成段；葱白洗净，切成丁。

② 锅中加上少许植物油烧热，下入干辣椒、豆瓣酱炒香，放入猪脆骨、花生仁、葱白丁炒匀。

③ 加入白糖、味精炒至入味，用水淀粉勾薄芡，淋入米醋、辣椒油炒匀，出锅装盘即可。

剁椒肝片

名厨笔记 肝脏是动物体内最大的解毒器官，买回来的鲜猪肝不要急于烹调，将猪肝上的白色筋膜切去不要，猪肝放在水龙头下反复冲洗、浸泡后再进行烹饪，另外切片后加点料酒等腌拌，能够更好地去除异味。

原料 Ingredients

猪肝	250克
剁辣椒	30克
姜片、葱段	各5克
精盐、味精	各1小匙
胡椒粉	1/2小匙
水淀粉	4小匙
料酒	1大匙
香油	少许
鲜汤、植物油	各2大匙

做法 Method

1. 猪肝去掉白色筋膜，切成厚薄均匀的柳叶片，加入精盐、姜片、葱段、料酒拌匀，腌约10分钟，放入沸水锅中汆至断生，捞出、沥干。

2. 锅中加入植物油烧至四成热，放入剁辣椒，用小火炒香出味，再添入鲜汤烧沸。

3. 加入精盐、胡椒粉、料酒、味精、香油，用水淀粉勾芡，倒入汆好的猪肝片稍炒，出锅装盘即成。

V 剁椒鱼头是一道非常著名的湖南风味菜，其主配料使用的剁椒也是湖南的特色调味品。剁椒除了可以制作鱼头外，如本菜使用的猪肝（羊肝）也是不错的选择。

大 V 点评

营养·窍门 Tips for others

猪肉皮中含有不饱和脂肪酸和卵磷脂,可以促进人体神经系统及大脑组织生长发育,对青少年和长期用脑过度者,有很好的营养保健效果。

辣炒肉皮

📖**名厨笔记** 猪皮质韧,富有胶质,不仅可以作为主料烹调菜肴,而且有些猪肉菜肴主料必须带有猪皮,才能体现成品的特点。辣炒猪皮是家常风味菜品,成品具有色泽美观,猪皮软嫩,香辣适口的特色。

原料 Ingredients

猪肉皮	500克
香菜段	25克
辣椒丝	10克
葱丝、蒜末	各5克
精盐、米醋	各1小匙
五香粉、味精	各少许
水淀粉	2小匙
酱油、清汤	各1大匙
植物油	2大匙

做法 Method

1. 把猪肉皮刮洗干净,放入汤锅中煮至软烂,捞出、晾凉,片去内侧肥肉,切成丝,再用温水洗净。

2. 炒锅上火,加入植物油烧至六成热,下入辣椒丝、葱丝、蒜末炝锅,再放入肉皮丝炒匀。

3. 然后加入五香粉、精盐、酱油、米醋、清汤和味精,旺火翻炒均匀至入味,用水淀粉勾薄芡,撒上香菜段,出锅装盘即可。

营养·窍门 Tips for others

　　猪腰是一种高蛋白、低脂肪的原料，有补肾的效果，搭配富含维生素的青椒、红椒、洋葱等成菜，可以去烦养心、强身健体，适用于肾虚腰疼，耳鸣，产后乳汁缺少等症。

火爆腰花

📖**名厨笔记** 川菜中有很多称为火爆的菜肴,其基本上是用旺火热油,把原料爆炒熟嫩,成菜色泽红润。火爆腰花就是一道火爆菜肴,制作上要注意腰花的处理一定要有耐心,把白色部分一定去干净,不然会有异味;另外如大葱、姜块、蒜瓣、泡辣椒等可以多一些,可以帮助去腥臊。

原料 Ingredients

原料	用量
猪腰	400克
青椒、红椒	各50克
洋葱	25克
大葱、姜块	各少许
蒜瓣	少许
干辣椒	3克
泡辣椒	15克
精盐、胡椒粉	各1/2小匙
米醋	2小匙
酱油	1大匙
白糖	1小匙
水淀粉	适量
料酒、植物油	各2大匙

做法 Method

1. 将猪腰剥去外膜,放在案板上,先一分为二,片下内侧的白色腰臊,蘸上少许清水,在表面剞上十字花刀,放入清水中浸泡。

2. 大葱、姜块、蒜瓣均洗净,切成片;青椒、红椒分别洗净,均切成小块;洋葱洗净,也切成小块。

3. 净锅置火上,加入清水和少许米醋烧沸,放入猪腰花焯烫一下,捞出腰花,放入凉水中。

4. 锅中加上植物油烧至六成热,下入葱片、姜片、蒜片爆锅出香味,放入干辣椒炒出香辣味,再加入泡辣椒炒匀,烹入料酒。

5. 加入白糖、酱油、米醋、胡椒粉、精盐和少许清水烧沸,放入青椒块、红椒块和洋葱块煸炒片刻,放入腰花,用水淀粉勾芡,淋上香油,出锅装盘即可。

大 V 点评 Comment from Vip

V 其实火爆腰花的配菜很随意,胡萝卜、青椒、黄瓜、木耳等等都行,为了保证腰花不炒老,焯烫猪腰花时加上少许米醋,焯烫后放入冷水中是不错的方法,以后可以尝试一下。

营养·窍门 Tips for others

猪肝含有丰富的维生素A，搭配洋葱一起成菜，有补益肝肾、养血通便的效果，对慢性肝炎、慢性胃炎、贫血、习惯性便秘有很好的保健疗效。

川味猪肝

📖**名厨笔记** 川味猪肝是一道家常风味菜品，是用猪肝为主料，用炒的技法加工而成。在烹制猪肝的菜肴时，可把切好的猪肝浸泡在冷水中几分钟，取出沥干后再腌拌和炒制，此法不仅可以把猪肝洗净，而且可去掉腥味。

原料 Ingredients

猪肝	300克
洋葱	50克
蒜末	15克
精盐	1/2小匙
料酒	3大匙
水淀粉	2小匙
辣椒酱	1大匙
辣椒油	1小匙
植物油	2大匙

做法 Method

① 将猪肝用清水洗净，去掉白色筋膜，切成薄片，放入碗中，加入精盐、料酒翻拌均匀，腌渍入味；洋葱去皮，用清水洗净，切成粗丝。

② 锅中加入植物油烧至五成热，先下入洋葱丝、蒜末炒出香味，再放入猪肝片炒至变色。

③ 然后加入辣椒油、辣椒酱快速翻炒均匀，用水淀粉勾薄芡，即可出锅装盘。

大蒜烧蹄筋

📖**名厨笔记** 牛蹄筋和牛百页、牛脑髓并称为"牛中三宝"。《本草从新》记载："牛蹄筋有补肝强筋，益气力，健腰膝，长足力，续绝伤。"可见对于经常腰腿疼、脚力不足的老年人来说，每周能吃点牛蹄筋，是再合适不过的良方。

原料 Ingredients

熟牛蹄筋	200克
蒜瓣	50克
青椒条、红椒条	各15克
葱花	少许
精盐	1小匙
白糖	2小匙
海鲜酱油	1大匙
料酒、水淀粉	各2大匙
植物油	100克

做法 Method

1. 熟牛蹄筋洗净，切成小段；蒜瓣去皮，洗净，沥去水分，放入热油锅中炸至金黄色，捞出。

2. 锅中留少许底油烧热，先下入葱花，加入海鲜酱油炒香，放入熟牛蹄筋段、炸过的蒜瓣炒匀。

3. 然后烹入料酒，加入白糖、精盐炒匀，转小火烧至汁浓，放入青椒条、红椒条烧至入味，用水淀粉勾芡，出锅装盘即可。

V 曾经做过几道蹄筋的菜肴，比如葱烧蹄筋、板栗烧蹄筋等，与本菜介绍的操作过程近似，过些时候准备按照上面介绍的方法制作一次，希望能成功。

大V点评

川味牛肉

📖名厨笔记 牛里脊肉细腻软嫩、富有弹性而且营养丰富，在烹调中可用多种烹调方法制作菜肴，川味牛肉就是其中一道有特点的菜肴。在腌制牛肉丁时，除了料酒、精盐外，还可以加上少许植物油，使油渗入牛肉丁中，口感会更爽嫩。

原料 Ingredients

牛里脊肉	400克
冬笋	75克
干红辣椒	15克
红糖	1/2大匙
料酒	1大匙
精盐、胡椒粉	各1小匙
香油	少许
清汤、植物油	各适量

大 V 点评
Comment from Vip

V 我制作川味牛肉时，会增加一些配料，比如青椒、红椒、水发木耳等，调料上会加入少许的豆瓣酱和豆豉，成菜口味会更为浓厚适口。

做法 Method

1 将牛里脊肉去除筋膜，洗净血污，切成1.5厘米大小的丁，加上少许料酒、精盐拌匀；冬笋洗净，切成丁，放入沸水锅内焯烫一下，捞出、沥油。

2 净锅置火上，加入植物油烧至六成热，下入干红辣椒炒出香辣味，再放入牛肉丁和冬笋丁炒匀。

3 加入清汤、料酒、红糖、精盐和胡椒粉，转小火炒至牛肉熟嫩，淋上香油，装盘上桌即可。

营养 · 窍门 Tips for others

牛蹄筋营养丰富，具有强筋壮骨之功效，对腰膝酸软、身体瘦弱者有很好的食疗作用，有助于青少年生长发育和减缓中老年妇女骨质疏松的速度。

麻辣牛筋

📖名厨笔记 蹄筋向来为筵席上品，食用历史悠久，它口感淡嫩不腻，质地犹如海参，故有俗语说：牛蹄筋，味道赛过参。麻辣牛筋是以鲜牛蹄筋为主料，先用卤水卤至熟嫩，切片后配上四川特产的红干椒等爆炒成菜，具有蹄筋软嫩，麻辣适口的特点。

- -

原料 Ingredients

鲜牛蹄筋	300克
红干椒	40克
葱段	10克
姜片、花椒粒	各5克
精盐、味精	各1小匙
辣椒油	1大匙
花椒油	少许
料酒、植物油	各3大匙
白卤水	800克

做法 Method

① 鲜牛蹄筋去除杂质，用清水浸泡，捞出，放入净锅中，加入卤水、料酒，先用中火烧沸，再转小火煮约2小时至软烂，凉透后捞出牛蹄筋，切成薄片。

② 净锅置火上，加上植物油烧至四成热，先下入红干椒、花椒炒香，再放入葱段、姜片和牛筋片。

③ 边炒边加入精盐、料酒、味精，翻炒至牛筋片入味，淋上辣椒油、花椒油，出锅装盘即成。

干煸牛肉丝

📖名厨笔记 干煸牛肉丝是四川家常风味菜肴，烹饪技巧以干炒为主，牛肉丝的酱红色，芹菜嫩绿鲜香，麻、辣、咸、鲜、香、甜，六味俱全，回味鲜美，下饭佐酒皆宜。制作此菜掌握好火候是关键，牛肉丝一定要煸至水分收干，切不可水分太重，否则牛肉丝会软绵而不酥香。

原料 Ingredients

牛里脊肉	400克
芹菜、蒜薹	各100克
红椒丝	少许
姜丝	10克
精盐、白糖	各1/2小匙
花椒粉、酱油	各1小匙
豆瓣酱	4小匙
料酒	2小匙
辣椒粉	1大匙
植物油	3大匙

做法 Method

① 牛里脊肉洗净，切成比较粗的丝；蒜薹、芹菜分别择洗干净，均切成小段。

② 锅置火上，加入植物油烧热，下入牛肉丝煸炒至干香，分两次烹入料酒。

③ 再加入豆瓣酱、姜丝略炒一下，放入蒜薹段和芹菜段炒匀。

④ 然后加入酱油、白糖、精盐、料酒，放入红椒丝炒至入味，再撒入花椒粉、辣椒粉，出锅装盘即可。

大 V 点评 Comment from Vip

Ⅴ 传统上的干煸牛肉丝配料只用芹菜，本菜中增加了蒜薹段一起干煸成菜，其实干煸牛肉丝中的配料，可以根据个人喜欢或家里冰箱内剩余的原料灵活添加，有一次我做干煸牛肉丝时，加上了一些蒜苗和土豆细条，口味也不错。

营养·窍门 **Tips for others**

　　牛里脊肉含有丰富的铁, 而芹菜中富含维生素C, 用牛里脊肉配以芹菜一起干煸成菜, 可以预防贫血, 增强体力, 对体虚、贫血者有很好的食疗功效。

羊肝含有丰富的蛋白质、脂肪、碳水化合物、钙、磷、铁、硫胺素、抗坏血酸和维生素A等，有益血、补肝、明目的效果，主治夜盲、两眼昏花、面色萎黄、消瘦、肺虚咳嗽、小便不利等症。

泡椒炒羊肝

📖**名厨笔记** 泡椒炒羊肝是一道湖南风味菜肴，制作时需要注意，羊肝是羊体内最大的毒物中转站和解毒器官，所以买回的鲜羊肝不要急于烹调，应把羊肝放在自来水龙头下冲洗10分钟，然后放在水中浸泡30分钟，以去除毒素，再制作成菜。

原料 Ingredients

新鲜羊肝	300克
蒜苗	25克
鲜红泡辣椒	5个
姜块	10克
精盐	2小匙
味精、胡椒粉	各1小匙
料酒、水淀粉	各1大匙
香油、植物油	各适量

做法 Method

① 鲜红泡辣椒洗净，切成两半，放入盘中；姜块去皮，洗净，切成末，与泡辣椒放在一起；蒜苗去根和老叶，用清水洗净，沥净水分，切成小段。

② 新鲜羊肝浸泡并洗净，切成薄片，放入加有少许料酒的清水中烧沸，焯烫至变色，捞出、过凉，沥干水分。

③ 锅中加上植物油烧热，下入姜末和红泡辣椒炒香，放入羊肝片和蒜苗段炒熟，加入精盐、味精、胡椒粉调味，用水淀粉勾芡，淋入香油炒匀，出锅装盘即可。

酸辣兔肉

📖名厨笔记 兔肉属高蛋白质、低脂肪、少胆固醇的肉类，质地细嫩，味道鲜美，营养丰富。酸辣兔肉是湘西家常风味菜肴，是用带骨兔肉为主料，搭配青萝卜（也可以用腌萝卜替代），和酸辣味汁成菜，具有醇香滑嫩，咸鲜酸辣，营养开胃的特色。

原料 Ingredients

带骨兔肉	750克
青萝卜	100克
香菜	10克
鸡蛋	1个
葱丝	10克
精盐	2小匙
味精、胡椒粉	各1小匙
花椒油、料酒	各1/2大匙
酱油	2大匙
水淀粉	3大匙
鸡汤、熟猪油	各适量

大 V 点评
Comment from Vip

 我曾经做过一次酸辣兔丁，方法是把兔腿剔去骨头，取净兔肉切丁，放入锅内爆炒成熟，加上冬笋丁、莴笋丁等成菜，风味也很好的。

做法 Method

① 青萝卜洗净，切去根，削去外皮，切成小条；香菜去根和叶，留嫩香菜梗，用清水洗净，切成小段。

② 带骨兔肉用清水洗净，剁成3厘米大小的块，放入大碗中，加入水淀粉、少许酱油和鸡蛋拌匀上浆，放入烧热的熟猪油锅中炸至金黄色，捞出、沥油。

③ 锅中加入鸡汤烧沸，放入兔肉煮熟，加上萝卜条略炒，放入精盐、酱油、料酒炒匀，然后加入味精和胡椒粉，用水淀粉勾芡，淋上花椒油，撒上葱丝、香菜段即成。

香葱兔肉

📖**名厨笔记** 兔肉中所含的脂肪和胆固醇低于所有其他肉类，而且脂肪又多为不饱和脂肪酸，常吃兔肉可强身健体，但不会增肥，是肥胖患者理想的肉食，女性食之可保持身体苗条，因此兔又被称为"美容兔"。

原料 Ingredients

兔肉	400克
香葱	160克
干辣椒	75克
葱花、姜丝、蒜片	各少许
精盐、白糖	各2小匙
鸡精、味精	各1小匙
水淀粉	2大匙
料酒	1大匙
豆瓣酱	1/2大匙
植物油	450克(约耗65克)

做法 Method

1️⃣ 香葱去根和老叶，洗净，切成小段；兔肉洗净，剁成小块，加上少许料酒、精盐和鸡精拌匀，放入热油锅中炸至熟嫩，捞出、沥油。

2️⃣ 坐锅点火，加入少许植物油烧热，先下入干辣椒、豆瓣酱、葱花、姜丝、蒜片、香葱段炒香。

3️⃣ 放入兔肉块，加入精盐、味精、白糖、鸡精、料酒翻炒至入味，用水淀粉勾芡，出锅装盘即可。

V 兔肉中所含的多量卵磷脂是儿童大脑及其他器官发育所不可缺少的营养物质，因而它非常适合小朋友食用，但孩子不能食辣，所以这道菜我会去掉干辣椒而成为葱爆兔肉。 **大 V 点评**

营养·窍门 Tips for others

兔肉富含大脑和其他器官发育不可缺少的卵磷脂,有健脑益智的功效;经常食用可保护血管壁,阻止血栓形成,对高血压、冠心病、糖尿病患者有益处。

豉香兔丁

📖**名厨笔记** 老干妈豆豉具有优雅细腻,香辣突出,回味悠长等特点,既可直接佐餐拌面,也是菜肴常用的调味料,用此豆豉为主要调味料,搭配花椒油、辣椒油而成的豉香兔丁,是居家必会的一款好菜。

原料 Ingredients

鲜兔肉	400克
花生仁	50克
葱末	10克
精盐、白糖	各2小匙
味精、花椒油	各1小匙
辣椒油	1/2小匙
老干妈豆豉	2小匙
植物油	4大匙

做法 Method

① 鲜兔肉洗净,放入清水锅中煮至断生,离火后浸泡15分钟,捞出晾凉,切成小丁;老干妈豆豉剁细;花生仁放入锅内煸炒至熟,取出。

② 净锅置火上,加入植物油烧至四成热,下入老干妈豆豉炒出香辣味。

③ 加入精盐、味精、白糖和兔肉丁翻炒均匀,撒上熟花生仁,淋上辣椒油、花椒油,出锅装盘,撒上葱末即可。

营养·窍门 Tips for others

　　鸡腿肉具有高蛋白、低脂肪、低糖和多纤维的特色,四川泡菜可以清热消痰,强健脾胃,两者搭配制作成菜,可以暖胃益气,对脾胃不适等症有很好的食疗保健功效。

泡菜生炒鸡

📖**名厨笔记** 在中国菜中，以鸡为主要原料的菜肴，历来受到人们的重视，形成了种类繁多、烹调技术和风味各不相同的菜谱。泡菜生炒鸡是在四川生炒仔鸡的基础上，用鸡腿肉替代仔鸡，增加了四川泡菜而成，具有色泽淡红，肉质鲜嫩，卤汁紧包，滋味鲜美的特色。

原料 Ingredients

鸡腿肉	400克
四川泡菜	100克
青椒	50克
鸡蛋	1个
大葱	15克
姜块	10克
蒜瓣	5克
精盐	2小匙
料酒	1大匙
味精、淀粉	各适量
植物油	4大匙

做法 Method

1. 将大葱洗净，切成滚刀块；姜块去皮，洗净，切成小片；蒜瓣去皮，洗净，切成小片；青椒洗净，去蒂及籽，切成小块。

2. 鸡腿肉洗涤整理干净，切成小块，放入碗中，磕入鸡蛋，加入泡菜汤、淀粉搅拌均匀，腌渍20分钟。

3. 净锅置火上，加入植物油烧至六成热，放入腌好的鸡腿肉略炒，再放入葱块、姜片、蒜片及泡菜里的红辣椒炒出香味。

4. 然后加入精盐、料酒、味精调味，再放入剩余泡菜、青椒块炒匀，出锅倒入砂锅中，上火焖制3分钟，即可出锅装盘。

大 V 点评 Comment from Vip

V 感觉泡菜生炒鸡是一道操作简单，适宜家庭制作的菜式。制作上我更偏好用泡椒替代泡菜，另外蒜瓣不用切片，直接用整个蒜瓣，风味会更浓厚。

营养·窍门 Tips for others

鸡脆骨可以补钙，增加骨密度。除此之外还含有胶原蛋白，这是一种很好的营养物质，科学家研究发现，胶原蛋白具有延缓衰老、美容和抗癌的作用。

米椒鸡脆骨

📖 **名厨笔记** 鸡脆骨，是指鸡关节处一块鸡脆骨，其色泽浅黄、略带一点肉，如同指甲大小，口感爽脆，可用多种技法，如炒、烤、酱、烧等技法加工成菜，常见的菜例有宫保鸡脆骨、椒盐鸡脆骨、蒜香鸡脆骨、米椒鸡脆骨等。

原料 Ingredients

鸡脆骨	250克
小米椒	50克
孜然、芝麻	各少许
香葱叶	5克
精盐、味精	各1小匙
蒜蓉辣酱	2大匙
料酒	1大匙
淀粉	3大匙
植物油	适量

做法 Method

① 鸡脆骨洗净，加入精盐、蒜蓉辣酱、料酒、味精拌匀，腌30分钟，再拍匀淀粉。

② 锅置火上，加入植物油烧至六成热，下入鸡脆骨炸至呈金黄色、酥脆时，捞出、沥油。

③ 锅中留少许底油，复置火上烧至六成热，先下入小米椒炒香，放入鸡脆骨，加入孜然、芝麻、香葱叶翻炒均匀，即可出锅装盘。

东安仔鸡

📖名厨笔记 东安仔鸡是湖南最为著名的传统名菜,有八大湘菜之首的美誉,菜肴因产于湖南东安县而得名。东安仔鸡色泽鲜艳,肉质鲜嫩,酸辣爽口,肥而不腻,食多不厌,香气四溢,还有温中益气、补精添髓的功效。

原料 Ingredients

净仔鸡	1只(约1000克)
红辣椒	25克
葱段、姜丝	各15克
精盐、米醋	各1大匙
味精	1/2小匙
料酒	2大匙
花椒粉、水淀粉	各少许
香油	2小匙
熟猪油	3大匙

做法 Method

1 将仔鸡洗净,剁去鸡爪,放入清水锅中,加上少许葱段煮至七分熟,捞出仔鸡冲净,剁成大块;红辣椒洗净,切成细丝。

2 净锅置火上,加上熟猪油烧至六成热,下入姜丝、花椒粉、红辣椒丝炒香,放入鸡块略炒。

3 烹入料酒,滗入少许煮仔鸡的原汁,再加入精盐、米醋、味精和葱段,用旺火炒至收汁,放水淀粉勾芡,淋入香油,即可出锅装盘。

V 除了制作东安仔鸡,我也会把煮仔鸡的汤过滤去掉杂质,放入豆腐和一些蔬菜,如菠菜、油菜等,加上少许精盐和胡椒粉制作成汤菜,做到一鸡两吃。

大 V 点评

双冬鸡块

📖**名厨笔记** 双冬鸡块是湖南家常风味菜肴，传统上主料选用嫩仔鸡（本菜改用鸡腿替代），搭配冬菇块、冬笋块、干红辣椒等，用炸、焖、炒多种技法加工而成，成菜具有色泽黄亮，鸡腿软嫩，营养丰富，鲜辣爽口的特点，是一道下饭佳肴。

原料 Ingredients

鸡腿	400克
冬菇块、冬笋块	各50克
红干椒	10克
葱花、姜末、蒜片	各5克
精盐、味精	各1/2小匙
酱油、水淀粉	各1大匙
鸡汤	400克
植物油	适量

大 V 点评
Comment from Vip

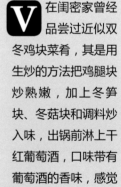

V 在闺密家曾经品尝过近似双冬鸡块菜肴，其是用生炒的方法把鸡腿块炒熟嫩，加上冬笋块、冬菇块和调料炒入味，出锅前淋上干红葡萄酒，口味带有葡萄酒的香味，感觉非常不错。

做法 Method

1. 鸡腿去骨，洗净，切成块，加入少许精盐、水淀粉拌匀，放入热油锅中炸3分钟，捞出、沥油。

2. 锅中加入鸡汤煮沸，放入鸡腿块、冬菇块、冬笋块、精盐、味精、酱油，用旺火烧至收汁，捞出。

3. 锅中加入少许植物油烧热，先下入红干椒、葱花、姜末、蒜片炒出香辣味，再放入鸡腿块、冬菇块、冬笋块翻炒均匀，出锅装碗即可。

营养·窍门 Tips for others

鸡胗营养成分比较全面，富含B族维生素，青蒜含有丰富的维生素C，两者搭配成菜，可以防止动脉硬化、消除疲劳、减轻压力，为四季皆宜的保健菜肴。

青蒜爆鸡胗

📖名厨笔记 鸡胗组织结构严密、弹性小有脆性，口感爽滑，常用爆、炒、烧、烤、炖、炸等方法烹调菜肴，也可用卤、酱、熏等技法制作成冷菜食用。青蒜爆鸡胗是用鸡胗搭配青蒜、红干椒爆炒而成，成菜红绿相映，鸡胗脆嫩，青蒜鲜香，味美可口。

原料 Ingredients

鸡胗	400克
青蒜	200克
红干椒	15克
精盐、酱油	各1小匙
味精	1大匙
鸡精	2小匙
豆瓣酱	2大匙
植物油	适量

做法 Method

1 将鸡胗去除外皮，用清水洗净，在表面剞上浅十字花刀，再切成菱形小块；青蒜去根和老叶，洗净，切成段。

2 净锅置火上，加入植物油烧至七成热，下入鸡胗块滑至熟，捞出、沥油。

3 锅中留少许底油，复置火上烧热，下入豆瓣酱、红干椒、青蒜段炒出香辣味，放入鸡胗块，加入精盐、味精、鸡精、酱油快速翻炒均匀，即可出锅装盘。

火爆鸡心

📖名厨笔记 鸡心具有较高的营养价值,可以用多种技法加工成菜,如卤、酱、烤、炒、炸、烧等都风味香浓。火爆鸡心是四川风味菜肴,制作上需要注意鸡心片炒久了会老,所以要用热油旺火爆炒,时间不要长;下入青红椒等配料只需炒几下即可,这样色泽才会漂亮。

原料 Ingredients

鸡心	300克
洋葱	75克
青椒、红椒	各1个
干辣椒	10克
精盐、白糖	各1小匙
味精	少许
淀粉、水淀粉	各2大匙
料酒	1大匙
酱油	1/2大匙
黑豆豉、陈醋	各2小匙
香油	1小匙
植物油	2大匙

做法 Method

1 将洋葱、青椒、红椒分别择洗干净,沥净水分,均切成小块。

2 鸡心去净油脂,用清水洗净,片成薄片,放入碗中,加入精盐、料酒、淀粉调拌均匀;料酒、酱油、少许精盐、味精、白糖放入小碗中调匀成味汁。

3 净锅置火上,加入植物油烧至六成热,先下入干辣椒和黑豆豉炒出香辣味。

4 放入鸡心片翻炒均匀,然后放入洋葱块和青椒块、红椒块炒拌均匀,用水淀粉勾芡,烹入调好的味汁,淋入陈醋、香油炒匀,出锅装盘即可。

大 V 点评 Comment from Vip

V 鸡心虽然收拾比较麻烦,但其价格便宜,口感软嫩,大人孩子都喜欢,所以我常用烤、爆的方法制作成菜,因为鸡心有少许的腥味,我一般会在火爆鸡心里加入少许泡椒或紫苏,都是提味的好搭配。

营养·窍门 Tips for others

　　鸡心色泽紫红，形呈锥形，质韧，外表附有油脂和筋络，是常见的鸡杂之一，具有保护心脏，保护心肌细胞，预防或是缓解心悸、心率失常等功效，还有补血益气的效果。

营养·窍门 Tips for others

鸡杂鲜美可口，且含有多样营养素，比如蛋白质、脂肪、碳水化合物、铁、磷、钙等，中医认为它们皆有助消化、和脾胃之功效，合而为菜食用，能健胃消食、润肤养肌。

川爆鸡杂

📖名厨笔记 川爆鸡杂是以鸡杂为主料，加上红干椒、香葱段等爆炒而成。其中鸡杂泛指鸡的内脏，即鸡心、鸡胗、鸡肠和鸡肝之类。制作鸡杂菜肴时要注意，鸡杂的腥膻味重，将其与红辣椒、香葱或者泡椒、姜蒜同炒，可以去除鸡杂的异味，还使成菜脆嫩鲜香、辣得人食欲大增。

原料 Ingredients

鸡肝、鸡胗	各250克
鸡肠	150克
红干椒	少许
香葱段	50克
精盐	1小匙
酱油	1大匙
味精、鸡精	各2小匙
植物油	适量

做法 Method

① 将鸡肝、鸡胗分别洗涤整理干净，均切成片；鸡肠洗净，切成小段，下入沸水锅中略焯一下，捞出、沥水。

② 锅置火上，加入植物油烧至五成热，下入鸡肝片、鸡胗片滑散至熟，捞出、沥油。

③ 锅中留底油烧热，下入红干椒炒香，放入鸡肝片、鸡胗片、鸡肠段略炒，然后加入精盐、味精、鸡精、酱油、香葱段炒匀入味，即可出锅装盘。

魔芋烧鸭

📖**名厨笔记** 雪魔芋是四川峨眉山的特产, 是将魔芋深埋在峨眉山的白雪之下冷冻, 再自然解冻后干燥而成的, 现在市场上买到的雪魔芋都是工厂生产, 冷冻而成, 而非白雪深埋, 但是雪魔芋的名字却没变, 而且雪魔芋听起来比冻魔芋优美有趣得多。

原料 Ingredients

鸭肉	250克
雪魔芋	150克
青蒜	30克
蒜片、姜片	各10克
精盐	1小匙
花椒粉	1/2大匙
豆瓣酱	2大匙
酱油、料酒、淀粉	各1大匙
香油	少许
上汤	300克
植物油	3大匙

大V点评
Comment from Vip

 魔芋烧鸭是一道下饭菜肴, 成菜色泽红亮, 鲜咸爽辣, 感觉成菜中的魔芋条, 由于吸收了浓郁的汤汁, 比鸭肉块还好吃!

做法 Method

1. 雪魔芋切成小条, 放入沸水锅内略焯一下, 捞出、沥干; 鸭肉洗净, 切成大块; 青蒜洗净, 斜刀切成段。

2. 净锅置火上, 加入植物油烧至六成热, 先下入姜片、蒜片炒香, 再放入鸭肉炒至微黄。

3. 加入精盐、酱油、料酒、豆瓣酱、花椒粉, 添入上汤, 转小火焖20分钟, 最后放入魔芋条续烧10分钟, 撒入青蒜段, 淋入香油, 即可出锅装碗。

麻婆豆腐

📖名厨笔记 麻婆豆腐是一款扬名海内外的传统名菜，历史十分悠久。大约在清同治初年，由成都市北郊万福桥一家名为"陈兴盛饭铺"的小饭店老板娘陈刘氏所创。因为陈刘氏脸上有麻点，人称陈麻婆，她发明的烧豆腐就被称为"陈麻婆豆腐"。

原料 Ingredients

豆腐	500克
牛肉末	150克
青蒜	75克
姜末	5克
精盐、花椒粉	各2小匙
辣椒粉、味精	各1/2小匙
酱油、水淀粉	各2小匙
料酒	1大匙
豆瓣酱、植物油	各3大匙
清汤	适量

做法 Method

1. 将豆腐用清水洗净，切成长方片；青蒜择洗干净，切成1厘米长的小段。

2. 锅置火上，加入植物油烧热，下入牛肉末煸炒至牛肉酥脆，烹入料酒，再放入豆瓣酱煸炒至变红。

3. 加入辣椒粉和姜末炒匀，添入清汤，放入豆腐、精盐、酱油烧沸，转小火烧至汤汁略干，用水淀粉勾薄芡，撒入青蒜段、味精炒匀，盛入碗中，撒上花椒粉即成。

V 典型的川菜，口味"麻、辣、烫、鲜、香、酥"，不管是川菜大酒店，还是川菜小馆，一定都有这道麻婆豆腐的，那已经是一道不可超越的经典了。

大 V 点评

营养·窍门 Tips for others

豆腐干中的不饱和脂肪酸含量高，一般不含有胆固醇，是高血压、冠心病、动脉硬化等症的理想保健食品，也是避免"肥胖症"的健美食品。

葱烧卤干

名厨笔记 葱烧卤干是一道操作简单、家常风味菜品，菜肴以卤水豆干、大葱为主料，搭配辣椒丝和调料，用烧焖的技法加工而成，成菜具有色泽微红，软嫩咸甜，葱香味浓，营养可口的特点。

原料 Ingredients

卤水豆干	300克
大葱	100克
红辣椒	25克
味精、白糖	各1小匙
酱油、香油	各少许
鲜汤	2大匙
葱油	5小匙
水淀粉、植物油	各适量

做法 Method

1. 卤水豆干切成条状，下入沸水锅中焯透，捞出、沥干，再放入热油锅中冲炸一下，捞出、沥油；大葱洗净，切成小段；红辣椒去蒂，洗净，切成细丝。

2. 坐锅点火，加入葱油烧热，下入大葱段和红辣椒丝炒香，添入鲜汤，放入豆干，加入酱油、白糖烧几分钟。

3. 然后加入味精调好口味，用水淀粉勾薄芡，淋入香油，即可出锅装盘。

营养·窍门 Tips for others

　　草鱼为营养丰富的淡水鱼之一，每百克草鱼中含蛋白质约16克，脂肪约6.5克和维生素E、钙、铁、磷等，中医认为有温暖中焦、滋补脾胃的作用，对虚劳、风虚、头痛等症有治疗保健效果。

家常水煮鱼

📖名厨笔记 水煮是将洗净的形大体厚或整形的生原料，或者是经过初步加工过的半成品，放于足够量的汤汁或清水中，用旺火煮沸，改用温火煮至熟的一种烹制方法。水煮常用于煮制蔬菜、豆制品、畜肉、水产一类的汤菜，具有口味清鲜，汤汁多，不勾芡，有汤有菜的特点。

原料 Ingredients

净草鱼	1条(约750克)
黄豆芽	300克
鸡蛋	1个
白芝麻	25克
灯笼椒	10克
葱段、姜片、蒜瓣	各25克
八角、桂皮	各20克
花椒、辣椒	各15克
精盐	2小匙
淀粉、料酒	各1大匙
胡椒粉	1小匙
味精、植物油	各适量
香油	少许

做法 Method

1. 把净草鱼剔去鱼骨，取带皮净鱼肉，改刀片成大片，加入鸡蛋、胡椒粉、精盐、料酒、淀粉和少许植物油拌匀、上浆，腌制1小时。

2. 将八角、桂皮、辣椒、花椒放入清水锅内煮至锅内水干为止，再倒入植物油(约500克)、香油烧热，放入葱段、姜片和蒜瓣炸20分钟成香辣油。

3. 另起锅，加上植物油烧热，下入黄豆芽、料酒、精盐、味精爆炒至七分熟，出锅装盘。

4. 锅中加入清水和精盐烧沸，倒入鱼肉片略烫，捞出放在黄豆芽上；香辣油上火烧热，加入灯笼椒和花椒炸香，撒上白芝麻，出锅浇在鱼片上即成。

大 V 点评 Comment from Vip

V 家常做水煮鱼，最大的好处是可以用好油、用少油，不必让鱼片完全泡在油里，从而减少油脂摄入，吃起来更健康；其次是可以按家人的口味控制麻辣程度，毕竟不是所有的人都能享受火辣辣的麻辣口感，掌握一个自己家里能够承受的麻辣程度，吃起来更过瘾。

营养·窍门 Tips for others

鲫鱼所含的蛋白质质优齐全，容易消化吸收，是肝肾疾病、心脑血管疾病患者的良好蛋白质来源，经常食用，可补充营养，增强抗病能力。

豆瓣鲫鱼

📖名厨笔记 豆瓣鲫鱼是四川乡土风味极浓的传统风味名菜，在四川的家庭、饭馆里非常普通，也是最为常见的鱼肴之一。豆瓣鱼原为家常味型，调料中虽用了糖和醋，但仅作和味之用，也使豆瓣鲫鱼成为鱼香味型的鱼类菜肴之一。

原料 Ingredients

鲜活鲫鱼	3条（约450克）
姜丝、葱花	各20克
蒜片	15克
精盐	1小匙
豆瓣、料酒	各1大匙
酱油	1/2大匙
白糖、米醋	各2小匙
鲜汤	150克
水淀粉	适量
植物油	500克（约耗75克）

做法 Method

1. 鲫鱼去掉鱼鳞、鱼鳃和内脏，洗净，在鱼身两侧各剖两刀，抹上料酒、精盐，腌约5分钟。

2. 锅置旺火上，加入植物油烧至八成热，放入鲫鱼炸至变色，捞出、沥油。

3. 锅中留底油烧热，下入豆瓣、姜丝、蒜片炒香，再放入鲫鱼、鲜汤、酱油、精盐和白糖烧沸，转小火烧至鱼熟入味，将鱼取出装盘。

4. 锅中汤汁用水淀粉勾芡，烹入米醋，撒上葱花，浇在鲫鱼上即成。

香辣银鳕鱼

名厨笔记 银鳕鱼色泽淡雅，营养丰富均衡，但其本身带有一些腥膻气味，尤其是冷冻后化冻的银鳕鱼，腥膻气味更为浓厚一些。因此在烹调银鳕鱼肴时，需要烹入米醋和料酒等，或者添加辣椒等，以去除腥辣气味。

原料 Ingredients

银鳕鱼	500克
红尖椒	50克
干辣椒	15克
葱花、姜末	各10克
精盐	1小匙
淀粉、香辣酱	各100克
料酒	2小匙
植物油	1000克

做法 Method

1. 将银鳕鱼洗涤整理干净，顶刀切成大厚片，放入碗中，加入姜末、葱花、料酒、精盐腌约30分钟，再拍匀淀粉；红尖椒洗净，切成段；干辣椒去蒂，切小段。

2. 锅中加入植物油烧至七成热，下入银鳕鱼炸约5分钟至外酥里嫩，捞出、沥油，码放在盘中。

3. 锅中留少许底油烧热，下入红尖椒、干辣椒和香辣酱炒出香辣味，均匀地浇在银鳕鱼上即可。

V 真正的银鳕鱼肉质细嫩，在欧洲被誉为"海中黄金"，而一般超市卖的银冷冻鳕鱼又称油鱼，肉质较硬，肉色较暗淡，用油煎熟后有肉香味，吃起来十分油腻，口感较差。 大 V 点评

冬菜臊子鱼

📖**名厨笔记** 臊子又称绍子，属于行业用语，一般专指肉末而言。冬菜臊子鱼是先把猪肉末、冬菜末和调料炒制成臊子，放入煎炸好的鲤鱼，用烧焖的方法加工成菜而得名。冬菜臊子鱼色泽红亮，鱼肉嫩鲜，臊子辣香，为一道家常下饭菜肴。

原料 Ingredients

鲤鱼	1条
猪肉末	125克
冬菜末	15克
蒜末、葱末、姜末	各10克
精盐、味精	各1/2小匙
水淀粉	1小匙
酱油	2小匙
料酒	5小匙
植物油	100克
高汤	150克

大 V 点评
Comment from Vip

V 曾经做过冬菜臊子，配面条食用。炒好的冬菜臊子香味四溢，不仅带有肉末的美味口感，还融入冬菜特有的鲜香和咸味，特别适合下饭吃。

做法 Method

1 鲤鱼去鳞、去鳃，除去内脏，洗净，去除腥线，两面斜划5刀，用料酒、精盐抹匀，再放入烧至七成热的油锅中煎至两面呈黄色时，取出。

2 锅中留底油烧热，放入猪肉末煸干水分，烹入料酒，下葱末、姜末、蒜末炒香，加入酱油和冬菜末炒匀。

3 添入高汤煮沸，放入煎好的鲤鱼，转小火烧透入味，加入味精，用水淀粉勾芡，出锅装盘即成。

营养·窍门 Tips for others

鳜鱼营养丰富，肉质细嫩，而且比较容易消化，对儿童、老人及体弱、脾胃消化功能不佳的人而言，吃鳜鱼既能补虚，又不必担心消化困难。

椒香鳜鱼

📖**名厨笔记** 鳜鱼肉质细嫩丰满，肥厚鲜美，内部无胆，少刺，色泽白嫩，口味清香，为鱼种中的上品。而用鳜鱼为主料，搭配湖南地区常食用的野山椒、红椒、尖椒和豆瓣酱等制作而成的椒香鳜鱼，色泽美观，鱼肉鲜嫩，椒香浓郁。

原料 Ingredients

净鳜鱼	1条(约600克)
红椒、尖椒	各80克
野山椒	30克
精盐、味精	各1/2小匙
豆瓣酱	2大匙
料酒	1小匙
水淀粉	2小匙
鲜汤	1大匙
葱姜油	4小匙

做法 Method

1 净鳜鱼洗涤整理干净，放入盘中，加入少许精盐、味精、料酒腌至入味，再放入蒸锅中，用旺火蒸熟，取出；红椒、尖椒、野山椒洗净，切成小粒。

2 净锅置火上，加入葱姜油烧至六成热，下入野山椒粒、尖椒粒、红椒粒和豆瓣酱炒出香辣味。

3 添入鲜汤，加入料酒、精盐、味精调好汤汁口味，用水淀粉勾芡，起锅浇在鳜鱼上即可。

火爆鱿鱼

📖名厨笔记 四川菜中我们已经介绍了几道火爆菜肴,而火爆鱿鱼应该算是一道创新菜式。主料使用鲜鱿鱼,切成鱿鱼圈后腌渍片刻,放入油锅内冲炸一下,再搭配青红椒、冬笋和调料等爆炒而成,成菜色形美观,鱿鱼嫩滑,清香味美。

原料 Ingredients

鲜鱿鱼	400克
青椒、红椒	各50克
冬笋	25克
葱丝、姜丝	各5克
精盐	2小匙
白糖、酱油	各1小匙
白酒	1大匙
味精、淀粉	各1/2小匙
香油、胡椒粉	各少许
植物油	适量

做法 Method

1 将鲜鱿鱼去掉内脏和须,用清水漂洗干净,沥净水分,切成小圈,放入碗内,加入酱油、少许白酒、味精和淀粉搅拌均匀。

2 将青椒、红椒去蒂、去籽,洗净,切成小条;冬笋去根,洗净,切成小片。

3 净锅置火上,加上植物油烧至六成热,放入切好的鱿鱼圈炸至半干后取出,再放入冬笋片炸至色泽微黄,捞出、沥油。

4 锅中留底油烧热,加入葱丝、姜丝炒香,放入白糖、香油、精盐、胡椒粉、白酒调匀,然后加入味精,放入青椒条、红椒条、鱿鱼圈、冬笋片炒匀,烹入白酒,出锅装盘即成。

大 V 点评 Comment from Vip

V 本菜可以有多种变化,比如腌好的鱿鱼圈裹匀一层面包渣后炸金黄色,配上椒盐上桌,称为黄金鱿鱼圈;或者把煎炸好的 鱿鱼圈码放在盘内,配番茄沙司直接蘸食,也许更受孩子们的喜欢。当然也可以炒糖醋味汁,淋在鱿鱼圈上。

营养 · 窍门 Tips for others

鳝鱼体内含有『鳝鱼素』，是鳝鱼体内特有的可以降低血糖和调节血糖的元素，因为鳝鱼含有的脂肪极少，所以鳝鱼是糖尿病患者的最佳食品之一。鳝鱼含丰富的维生素A，能增进视力，促进皮膜的新陈代谢。

豉椒爆黄鳝

📖**名厨笔记** 鳝鱼味鲜肉美，并且刺少肉厚，又细又嫩，与其他淡水鱼相比，可谓别具一格，如果烹调得当，食后可令人难以忘怀。豉椒爆黄鳝就是以鳝鱼为主料，配上青红椒和豆豉等，用爆炒的方式加工而成，适宜夏秋季节食用。

原料 Ingredients

鳝鱼（黄鳝）	300克
青椒、红椒	各50克
姜末、蒜片	各10克
精盐	1小匙
味精	1/2小匙
豆豉	4小匙
料酒	1大匙
植物油	2大匙

做法 Method

① 将鳝鱼宰杀，洗涤整理干净，剁成小段，放入沸水锅中焯去血水，捞出、沥干；青椒、红椒分别洗净，去蒂及籽，均切成小块。

② 锅中加上植物油烧热，下入姜末、蒜片和豆豉炒香，放入鳝鱼段，烹入料酒，用大火炒至八分熟。

③ 然后放入青椒块、红椒块翻炒至鳝鱼熟香，加入精盐、味精调好口味，即可出锅装盘。

荷叶飘香蟹

📖**名厨笔记** 荷叶飘香蟹是用川式避风塘调料与肉蟹稍炒，再用荷叶包好，放入烤箱内烘烤几分钟而成，成菜甘口焦香，脆而不煳，蒜香、辣味、豉味结合，蟹块香辣，味道浓郁，达到了一种口味的平衡，令人越食越开胃。

原料 Ingredients

肉蟹	500克
净鲜荷叶	1张
葱花、姜丝	各5克
精盐	1小匙
料酒	2小匙
川式避风塘调料	100克
淀粉	150克
植物油	1000克

大 V 点评
Comment from Vip

V 荷叶飘香蟹是一款非常有特色的菜肴，其主要特色是把炒好的肉蟹用鲜荷叶包裹，再放入烤箱内烤制而成。成品既保留肉蟹的鲜美，还带有淡淡的荷香，必须赞一下。

做法 Method

① 将肉蟹去壳，洗净，剁成6块，放入碗中，加入精盐、料酒、姜丝、葱花腌约30分钟，再拍匀淀粉。

② 坐锅点火，加入植物油烧至七成热，下入肉蟹块炸至熟，捞出、沥油。

③ 锅中留少许底油烧热，下入川式避风塘调料和肉蟹块，用小火煸炒5分钟，盛出，用荷叶包好，再放入烤箱烤约2分钟，即可取出食用。

PART 3

川湘汤羹

营养·窍门 Tips for others

番茄中含有的番茄红素具有独特的抗氧化能力，能清除自由基，保护细胞，使脱氧核糖核酸及基因免遭破坏，能阻止癌变进程，能有效减少直肠癌、口腔癌、肺癌、乳腺癌等发病危险。

奶油番茄汤

📖**名厨笔记** 奶油番茄汤是一款家常风味汤羹,制作此汤时必须要把番茄酱等炒透,熬汤的时间可以适当延长,这样能使番茄酱的营养和颜色大都溶解在汤内。另外汤要保持一定的油分,所以最后加上少许黄油,但注意不宜过多,影响质量。

原料 Ingredients

西红柿(番茄)	150克
洋葱	50克
牛奶	适量
面包	30克
精盐	1小匙
味精	1/2小匙
番茄酱	2大匙
黑胡椒	1/3小匙
黄油、植物油	各少许

做法 Method

① 将西红柿洗净,放入沸水中略烫一下,捞出后剥去皮,切成小丁;洋葱用清水洗净,沥干水分,切成小丁;面包也切成小丁。

② 平锅中加入少许植物油,置火上烧至七成热,下入面包丁煎至酥脆,捞出、沥油。

③ 锅中加上少许黄油烧热,下入洋葱丁和番茄酱炒至浓稠,再加入黑胡椒、精盐、味精及适量清水煮至沸,然后放入西红柿丁煮匀。

④ 关火后装入大汤碗中,加入牛奶,放入面包丁、黑胡椒及少许黄油搅匀,即可上桌。

大 V 点评 Comment from Vip

V 菜肴虽然名字称为番茄奶油汤,但发现并没有使用奶油,估计大厨是考虑到奶油的含脂肪高而且味道过于浓郁,所以换成牛奶,口味会更清爽,对有小朋友的家庭而言,健康但味道不打折扣。

营养·窍门 Tips for others

冬笋、盐菜还有美味的虾干一起隔水炖煮成汤菜食用，有明目除烦，解毒清热的功效，对于习惯性便秘、食欲不佳、心情烦躁者有一定的疗效。

盐菜虾干汤

名厨笔记 盐菜就是用盐腌渍的蔬菜，巴蜀地区盐菜的主料为青菜，或大头萝卜菜，一般需要经过三蒸三晒等多道工序，成品已去除了菜里的苦青味，换而之的是一种特殊的香味，既可直接佐粥，还可以制作各式菜肴。

原料 Ingredients

盐菜	200克
冬笋	100克
虾干	10个
精盐	1/2小匙
味精	少许

做法 Method

① 将盐菜用清水浸泡并洗净，捞出、切去根，沥净水分，切成长段；冬笋去根，洗净，切成大片。

② 取一大汤碗，先铺上盐菜段，再把冬笋片整齐地摆放在盐菜上，然后放上洗净虾干。

③ 汤碗内加入精盐、味精，添入适量的清水调匀，上笼旺火蒸约30分钟，取出，即可上桌食用。

芝麻莲藕汤

📖**名厨笔记** 莲藕为睡莲科莲属中能形成肥嫩根状茎的栽培种，多年生水生宿根草本植物。莲藕起源于中国和印度，今南北各地普遍种植。莲藕搭配胡萝卜、黑芝麻和高汤等熬煮成汤食用，口味清香，鲜咸微辣。

原料 Ingredients

莲藕	300克
胡萝卜	50克
黑芝麻	30克
精盐、味精	各1/2小匙
酱油	1小匙
胡椒粉	少许
猪骨高汤	1500克

做法 Method

1 将莲藕去掉藕节，削去外皮，用清水漂洗干净，沥净水分，切成大薄片；胡萝卜去皮，洗净，切成梅花片；黑芝麻放入热锅内煸炒至熟，出锅、晾凉。

2 锅置旺火上，加入猪骨高汤烧沸，下入莲藕片、胡萝卜片、精盐、酱油煮沸。

3 转小火煮约30分钟，放入味精、胡椒粉调味，出锅装碗，撒上熟黑芝麻即可。

V 家庭在制作莲藕菜肴时，需要注意不要用铁锅煮莲藕，以免影响莲藕的色泽，焯煮莲藕以使用铜锅为佳，如果没有，也可用砂锅或不锈钢锅代替。

大 V 点评

腊味南瓜汤

📖**名厨笔记** 腊味是湖南特产,凡家禽野畜及水产等均可腌制,选料认真;制作精细,品种多样,具有色彩红亮,烟熏咸香,肥而不腻,鲜美异常的独特风味。用湖南腊肉搭配软嫩的南瓜、清香的莲藕熬煮成汤,色泽美观,腊肉清香,南瓜软嫩。

原料 Ingredients

南瓜	400克
腊肉	200克
莲藕	100克
洋葱末	少许
精盐	1小匙
味精	1/2小匙
料酒	2小匙
植物油	2大匙

大 V 点评
Comment from Vip

V 曾经制作过一道火腿瓜蓉汤的菜肴,是把净南瓜直接用搅拌器打成蓉,放入净锅内,加热熬煮后,加上配料、调料的熟火腿粒调匀上桌,风味也是不错的。

做法 Method

1 将南瓜洗净,从中间剖开,去瓤及籽,切成小块;腊肉洗净,切成薄片,用沸水焯去多余盐分,捞出冲净;莲藕去皮、洗净,切成薄片。

2 净锅置火上,加上植物油烧至六成热,下入洋葱末炒出香味,放入腊肉片炒匀。

3 烹入料酒,添入适量清水煮沸,加入南瓜块、莲藕片、精盐、味精煮至熟烂,即可出锅装碗。

银耳雪梨羹

📖**名厨笔记** 要制作好美味香甜的银耳雪梨羹，需要掌握以下两点关键之处。一是水发银耳的蒂千万要去干净，虽不影响汤羹的味道，但是影响吃银耳的口感；二是压煮的时间一定要长，这样汤才会呈羹状，黏稠。

原料 Ingredients

雪梨	2个
干银耳	15克
马蹄(荸荠)	15粒
枸杞子	少许
冰糖	50克
牛奶	500克

做法 Method

1 干银耳用冷水泡发，去掉蒂，洗净，撕成小朵；雪梨洗净，去皮，切成块；马蹄去皮，洗净；枸杞子浸洗干净。

2 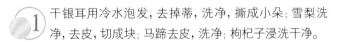将雪梨块、银耳、马蹄、冰糖放入电锅中，加入清水，盖上盖，煲压40分钟至浓稠，取出装碗，撒上枸杞子。

3 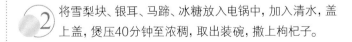炒锅置火上烧热，加入牛奶煮沸，出锅倒入盛有雪梨、银耳的汤碗中即可。

鸡汁土豆泥

📖名厨笔记 鸡汁土豆泥是一道非常适宜老人、儿童食用的佳肴,制作上需要注意,土豆必须选用当季的新鲜土豆,这样蒸出来的土豆才会足够的沙,土豆放锅内煮至熟嫩,时间大约10分钟,可以用筷子轻轻扎一下,能透过就可以,如果煮得不够的话就继续蒸。

原料 Ingredients

土豆	250克
鸡胸肉	100克
西蓝花	20克
青豆	10克
枸杞子	5克
葱段、姜片	各10克
精盐、味精	各1小匙
白糖	1大匙
胡椒粉	1/2小匙
白葡萄酒、牛奶	各4大匙
水淀粉	2小匙

做法 Method

1. 将西蓝花去蒂,取小花瓣洗净,放入沸水锅内焯烫一下,捞出,用冷水过凉,沥净水分。

2. 将土豆洗净,放入清水锅内,用旺火煮至熟嫩,取出土豆晾凉,剥去外皮。

3. 将熟土豆放在容器内压成土豆泥,加入精盐、味精、牛奶搅拌均匀,用平铲把土豆泥抹平,点缀上焯熟的西蓝花。

4. 将葱段、姜片、鸡胸肉放入搅拌机内,加入适量清水、胡椒粉、白葡萄酒、白糖、精盐和味精,用中速打碎成鸡汁,取出。

5. 把鸡汁放入烧热的锅内煮沸,再加入青豆和枸杞子调匀,用水淀粉勾芡,出锅浇在土豆泥上即可。

大 V 点评 Comment from Vip

V 第一印象就是好漂亮的一道美味啊,首先会勾起孩子的食欲,其次营养方面也均衡,不会让孩子偏食。最后还问问师傅能否不用加白葡萄酒,因为如果是给孩子煮制,担心不好,师傅说没有问题的,另外胡椒粉也可以不加的。

营养·窍门 Tips for others

土豆由于营养丰富, 又有"地下苹果"之美称, 土豆含有大量淀粉以及蛋白质、B族维生素、维生素C等, 有和中养胃、健脾利湿的功效, 能促进脾胃的消化功能。

大枣银耳羹

📖 **名厨笔记** 大枣银耳羹看似简单，但要做好，还需要记住下面三招，就是银耳泡发好，加入红枣和长时间炖煮。首先银耳要多泡泡，洗干净能去味；还有一个是大枣，大枣本身能去味，而且还能把大枣的甜味渗入汤羹里，这样银耳羹才会更好吃。

原料 Ingredients

水发银耳	150克
大枣	100克
枸杞子	10克
冰糖	3大匙
糯米粉	1大匙

做法 Method

1 将大枣洗净，去掉枣核，取净枣肉，切成小块；水发银耳择洗干净，去掉蒂，撕成小朵；糯米粉放小碗内，加入适量清水调成糯米糊。

2 锅置火上，加入适量清水烧沸，放入大枣块、水发银耳焯烫一下，捞出、沥干。

3 坐锅点火，加入适量清水烧沸，放入银耳块、大枣块、洗净的枸杞子、冰糖，转小火熬煮约5分钟，倒入糯米糊勾薄芡，出锅装碗即成。

芙蓉三丝汤

名厨笔记 芙蓉三丝汤以西红柿、鸡蛋皮、木耳为主料,搭配鸡蛋清煮制而成,因鸡蛋清状如芙蓉而得名,成品色泽美观、软嫩清香、鲜咸适口。芙蓉三丝汤在原料和口味上可以有多种变化,可以根据个人喜欢灵活改变。

原料 Ingredients

西红柿	150克
鸡蛋皮	1张
水发木耳	30克
水发海米	15克
鸡蛋清	2个
精盐	1大匙
味精	2小匙
香油	1小匙
鲜汤	750克

大 V 点评
Comment from Vip

V 我制作的芙蓉三丝汤没有用水发海米和鸡蛋皮,而是把煮熟的鸡胸肉撕成丝,搭配西红柿、木耳、鸡蛋清成菜,口味上加上米醋和胡椒粉,而成为酸辣口味。

做法 Method

1. 西红柿去蒂,洗净,用开水烫一下,去掉表皮和籽,切成丝;鸡蛋清放入碗中搅拌均匀;水发木耳、鸡蛋皮分别切成细丝。

2. 净锅置火上,加入适量鲜汤煮沸,放入鸡蛋皮丝、水发木耳丝、西红柿丝略烫一下,捞出。

3. 在鲜汤锅中加上水发海米,再淋入鸡蛋清,加入精盐、味精、香油稍煮至蛋清浮起,出锅装汤碗内,再放入三丝即成。

干贝萝卜汤

📖**名厨笔记** 俗话说：冬吃萝卜夏吃姜，不劳医生开药方。冬天的萝卜不仅清甜、水分多，而且有很好的食疗效果，能止咳化痰、除燥生津。干贝萝卜汤是用干贝和白萝卜煮汤，清鲜美味，操作简单，适合冬季食用的汤品。

原料 Ingredients

白萝卜	200克
干贝	25克
香菜	15克
姜丝	5克
精盐、味精	各1/2小匙
鲜汤	800克
植物油	1大匙

做法 Method

1 将白萝卜去根，削去外皮，洗净，切成细丝；香菜择洗干净，切成小段；干贝放入小碗内，加上少许清水，上屉蒸10分钟，取出、晾凉，撕成细丝。

2 坐锅点火，加上植物油烧至五成热，下入姜丝炒出香味，添入鲜汤，放入白萝卜丝、干贝丝煮沸。

3 撇去表面浮沫，加入精盐、味精调好汤汁口味，撒入香菜段，即可出锅装碗。

V 一道非常简单的汤菜，口味和配料上可以有变化，比如可以增加豆腐皮、时蔬等，而成为什锦萝卜干贝汤；口味上可以制作成酸辣口味、酸鲜口味、番茄口味等。

大V点评

营养·窍门 Tips for others

茉莉花可以消暑清热、化湿、健脾止泻、宁心除烦；水发银耳可以清热利湿；搭配富含蛋白质的鸡胸肉等成菜，适宜经常上火或胃口不佳者食用。

花香银耳汤

📖**名厨笔记** 茉莉花味道清香，在用茉莉花做菜前，要把茉莉花用清水漂洗3次，或者用清水浸泡30分钟后再漂洗后配菜，也可用热水煮几分钟，再按下面本菜介绍的方法制作成鲜咸味美的花香银耳汤。

原料 Ingredients

水发银耳	150克
鸡胸肉	100克
西红柿	25克
茉莉花	5朵
精盐、胡椒粉	各1小匙
香油	少许
高汤	500克

做法 Method

1 水发银耳洗净，撕成小朵，用沸水略焯一下，捞出装碗，加入少许高汤，放入蒸锅中蒸透，取出；鸡胸肉去掉筋膜，剁成鸡肉蓉；西红柿洗净，切成小片。

2 坐锅点火，加入高汤烧沸，将鸡肉蓉抓成小块，下锅煮至熟烂，捞出鸡肉蓉，转小火保持汤的温度，加入精盐、胡椒粉煮匀成鸡汤。

3 茉莉花洗净，放入汤碗中，冲入鸡汤，盖上盖焖一会儿，待花香味出，捞出茉莉花，再加入蒸好的银耳，点缀上番茄片，淋入香油即可。

营养·窍门 Tips for others

芋头的营养价值很高，既可当粮食，又可做蔬菜，是老幼皆宜的滋补品，搭配豌豆粒、鸡胸肉成菜，有滋补肝肾，降压利尿等效果，可作为高血压、动脉硬化、月经不调等症的食疗保健菜肴。

鸡汁芋头烩豌豆

📖**名厨笔记** 芋头又称芋芳,是家家户户餐桌上比较常见的食材,大多数人的加工方法,无非是粉蒸、剁椒蒸或者捣成蓉煎制成饼上桌。现在我们为您介绍一道鸡汁芋头烩豌豆,成菜色泽美观,制作简单,芋头软嫩,汤鲜味美,营养丰富。

原料 Ingredients

芋头	300克
鸡胸肉	100克
豌豆粒	50克
鸡蛋	1个
葱段	15克
姜片	10克
精盐	2小匙
胡椒粉	1小匙
料酒	1大匙
水淀粉	2大匙
植物油	适量

做法 Method

① 将豌豆粒洗净,沥水;芋头洗净,放入锅中蒸30分钟至熟,取出去皮,切成滚刀块。

② 鸡胸肉洗净,切成小块,放入粉碎机中,加入葱段、姜片、鸡蛋液、料酒、胡椒粉、适量清水打成鸡汁。

③ 锅置火上,加入植物油烧热,倒入打好的鸡汁不停地搅炒均匀,再放入芋头块,加入精盐煮5分钟,然后放入豌豆粒烩至断生。

④ 用水淀粉勾芡,加入胡椒粉推匀,出锅倒入砂煲中,置火上煮沸,原锅上桌即可。

大 V 点评 Comment from Vip

V 芋头含有黏液,黏液中含草酸钙,对人体的皮肤有较强的刺激作用,因此在加工时注意不要将黏液弄到手臂上。如果加工时手部皮肤奇痒,可以把手放火上稍烤,或用生姜汁轻擦即可缓解。

营养·窍门 Tips for others

参归猪肝煲营养丰富，适用于心肝血虚，有心悸、头晕、失眠、面色萎黄、女性月经周期量少、目昏眼干、夜盲症状的人，此外体检中发现有贫血征象的人，工作和学习压力较大用眼多的人也适合饮用。

参归猪肝煲

📖名厨笔记 参归猪肝煲是一道药膳汤菜，是以猪肝为主料，搭配党参、当归等焖煮而成，成菜猪肝滑嫩，汤汁鲜咸。制作此道汤羹时要先把猪肝清洗干净，切成大片的猪肝加上料酒等调料腌制片刻，其目的是能够去腥、提鲜。

原料 Ingredients

鲜猪肝	250克
党参、当归	各15克
酸枣仁	10克
姜末、葱末	各25克
精盐	4小匙
味精	1大匙
料酒	5小匙

做法 Method

① 将鲜猪肝去掉白色筋膜，洗净，擦净表面水分，切成大片，加入料酒、精盐、味精拌匀；酸枣仁洗净，打碎；党参、当归洗净。

② 将党参、当归、酸枣仁放入砂锅中，加入适量清水烧沸，再转小火炖煮约10分钟。

③ 然后放入猪肝片煮至变白，撒入姜末、葱末续炖约30分钟，即可上桌食用。

五丝酸辣汤

📖名厨笔记 全国各地都有多种的酸辣汤，而五丝酸辣汤更偏重于四川风味，其特点是酸、辣、咸、鲜、香。五丝酸辣汤用猪肉丝、萝卜丝、玉兰片丝、木耳丝和海带丝搭配熬煮而成，饭后饮用，有醒酒去腻，助消化的作用。

原料 Ingredients

猪瘦肉	125克
白萝卜	100克
水发海带	60克
水发木耳	50克
水发玉兰片	40克
姜丝、精盐	各少许
味精、胡椒粉	各1小匙
料酒、酱油	各1大匙
白醋、淀粉	各2大匙
香油、植物油	各适量

大 V 点评
Comment from Vip

 很多人在没有太大食欲的时候会想念酸辣汤的美味，酸辣汤也会常常在家里制作，选料上可以有多种搭配和变化，其中我制作的酸辣汤都会加入豆腐的。

做法 Method

1. 猪瘦肉洗净，切成丝，加入少许精盐、料酒、淀粉调拌均匀，腌至入味；白萝卜去皮，洗净，切成丝；水发海带、水发木耳、水发玉兰片分别洗净，切成细丝。

2. 锅中加入清水、精盐烧沸，放入萝卜丝、海带丝、木耳丝、玉兰片丝焯烫一下，捞出、沥水。

3. 锅内加油烧热，放入肉丝、姜丝略炒，添入清水，放入萝卜丝、海带丝、木耳丝和玉兰片丝煮熟，加入酱油、白醋、味精、胡椒粉调味，用水淀粉勾芡，淋入香油即成。

冬笋生菜汤

📖**名厨笔记** 本菜使用的冬笋又称清水笋，以优质鲜冬笋为原料，经过近十道工序加工而成，产品色白或浅黄、肉质细嫩，含有丰富的蛋白质、脂肪、碳水化合物、精纤维、钙、磷、铁、维生素等，有去积食、助消化、减肥的功效。

原料 Ingredients

冬笋(罐头)	1瓶(约200克)
生菜	50克
红椒	15克
姜块	10克
精盐	1小匙
味精	1/2小匙
花椒水	2大匙
鸡汤	1500克
香油	少许

大 V 点评
Comment from Vip

V 一款非常简单快捷的汤菜，当然我更喜欢在鲜笋下来的季节，使用鲜笋制作成汤菜，配料可以加上少许木耳、蔬菜，调味上只用精盐就够了。

做法 Method

1 将罐装冬笋取出，用清水冲洗干净，切成小条；生菜择洗干净，撕成小块；红椒去蒂、去籽，洗净，切成细丝；姜块去皮，也切成丝。

2 坐锅点火，加入鸡汤烧沸，下入冬笋条、姜丝、花椒水煮至入味。

3 待冬笋条熟透后，放入生菜、红椒丝略煮3分钟，再加入精盐、味精调味，淋入香油，即可出锅装碗。

土豆牛肉汤

📖名厨笔记 土豆牛肉汤是以土豆、牛肉为主料，搭配香菇、榨菜等煮制而成。土豆本身没有与其他原料相冲的味道，加了以后既未破坏牛肉的本味，又因其绵密粉糯的质感，再吸收了牛肉的纯鲜，加上香菇、榨菜的搭配，汤品口感十分的好。

原料 Ingredients

土豆	300克
牛肉	150克
鲜香菇	75克
榨菜粒	50克
香叶	2片
葱花	10克
精盐、味精	各1小匙
酱油	1大匙
高汤	1500克
植物油	2大匙

做法 Method

1 土豆去皮，洗净，切成大块；牛肉洗净，切成丁；鲜香菇去蒂，洗净，切成丁；把榨菜粒放入沸水中烫去多余盐分，捞出、沥干。

2 锅中加入植物油烧热，下入葱花炒香，放入牛肉丁、香菇丁、榨菜粒和酱油翻炒均匀。

3 加入土豆块炒至上色，添入高汤，加入精盐、味精、香叶煮至熟香入味，拣出香叶，出锅装碗即成。

黄豆笋衣排骨

📖名厨笔记 黄豆笋衣排骨是一道家常炖煮菜肴, 主料中的笋衣指的是竹笋尖端脆嫩的薄衣晒制的笋干, 颜色淡黄, 有清晰的平行纤维纹路。本菜中的笋衣能吸收排骨的油脂, 因而使得笋衣不再显得干柴, 味道也就很入味了。

原料 Ingredients

排骨	500克
笋衣	150克
黄豆	75克
葱白、姜块	各15克
陈皮、桂皮	各少许
八角	2克
精盐、酱油	各1大匙
白糖	2大匙
味精	1小匙
啤酒、植物油	各适量

做法 Method

① 将排骨用清水洗净, 沥去水分, 剁成小段, 放入热油锅中煸炒一下, 出锅装盘。

② 黄豆放入碗中, 加入清水浸泡并洗净; 葱白洗净, 用刀拍散; 姜块去皮, 洗净, 切成小片; 笋衣用清水浸泡并洗净, 切成小段, 放入热油锅中炒2分钟, 取出。

③ 净锅置火上, 加上少许植物油烧热, 加入白糖和少许清水炒呈暗红色, 加入啤酒、酱油和清水烧沸。

④ 放入排骨段、笋衣、黄豆、桂皮、八角、陈皮、葱段、姜片, 盖上锅盖, 转小火炖约40分钟, 加入少许精盐、味精调匀, 离火出锅即成。

大 V 点评 Comment from Vip

V 喜欢笋衣和黄豆, 参照上面介绍的方法, 制作了一道笋衣黄豆红烧肉的菜肴。成菜中的笋衣吸附了红烧肉溢出的油汁, 笋衣变得滋润爽口、嚼劲十足; 而红烧肉又平添了笋衣特殊的清香, 回味悠长。

营养·窍门 Tips for others

　　排骨营养丰富，有一定的食疗保健功效，与具有健胃、益气、和血、化痰、去毒等功效的笋衣、黄豆等一起成菜，有补血强身，滋补营养的效果，适合于病后体虚、气血不足、阴津亏损等症。

牛尾萝卜汤

名厨笔记 牛尾营养丰富，特别是含有大量的胶原蛋白质，可使皮肤丰满、润泽，也是强健体魄的食疗佳品。用牛尾搭配白萝卜、青笋等熬煮而成的牛尾萝卜汤，色泽美观，牛尾软嫩，萝卜清香，是一道冬季滋补佳品。

原料 Ingredients

牛尾	500克
白萝卜	150克
青笋	100克
葱段、姜片	各15克
精盐	1小匙
味精	1/2小匙
料酒	1大匙
鸡汤	750克

做法 Method

1 牛尾洗净，从骨节处断开，放入沸水锅中，加入少许葱段、姜片焯烫5分钟，捞出、冲净。

2 将牛尾放入汤碗中，加入料酒、精盐、葱段、姜片、鸡汤，上屉蒸约1小时至熟烂。

3 将白萝卜、青笋分别去皮，洗净，挖成圆球状，用沸水煮熟，放入牛尾汤中，加入味精调匀，上屉隔水炖20分钟，撇去碗内浮油，捞出葱段、姜片不用片，即可上桌。

V 我喜欢在煲牛尾萝卜汤时加上一些西红柿，其不仅可以去掉牛尾的少许腥膻，还可以起到解油腻的效果，感兴趣的朋友不妨一试哦。

大 V 点评

营养·窍门 Tips for others

　　牛鞭有补肾壮阳、益精填髓之功效，枸杞子有比较好的补血、养身的效果，一起搭配制作成汤，可以补血、补虚、壮阳，对男子阳痿早泄有一定的治疗效果。

📖**名厨笔记** 枸杞牛鞭汤是四川传统风味汤菜，主料使用收拾干净的牛鞭，搭配温补效果的枸杞子等炖煮而成，此菜红白相间，形色美观，牛鞭软糯，汤味醇浓，营养丰富，滋补性强。

枸杞牛鞭汤

原料 Ingredients

牛鞭	400克
枸杞子	15克
姜块	25克
精盐	1小匙
味精	少许
奶汤	1000克

做法 Method

① 牛鞭洗涤整理干净，放入沸水锅中焯烫一下，捞出，去除外膜，用剪刀剖开尿管，去除尿线。

② 把牛鞭放入清水锅中煮至刚熟，捞出、晾凉，表面剞上花刀，然后切成4厘米长的小段；枸杞子洗净。

③ 砂锅置火上，添入奶汤，放入牛鞭花、姜块、枸杞子烧沸，转小火炖约20分钟，再加入精盐、味精调好口味，出锅装碗即成。

营养·窍门 Tips for others

用仔鸡搭配老姜片熬煮而成的四川鸡汤,具有滋补强精、缓解感冒、提高人体免疫力等功效,特别适宜身体虚弱、容易感冒者饮用。

四川鸡汤

📖**名厨笔记** 四川鸡汤是一道营养丰富的佳肴,制作时需要注意不要加入花椒、八角等辛香料,因为四川鸡汤要突出原料的本味,而鸡本身带有鲜味成分,煮制时只要放姜、盐、米酒等,味道就很鲜美了。

原料 Ingredients

净仔鸡	半只(约500克)
老姜	150克
香油	1小匙
米酒	3大匙
精盐、植物油	各适量

做法 Method

① 净仔鸡用清水浸泡并换水洗净,沥去水分,剁成大块;老姜去皮,洗净,切成片。

② 净锅置火上,加入植物油烧至六成热,放入仔鸡块,用旺火炒至水分收干,出锅、沥油。

③ 锅中加上植物油烧热,下入姜片炒香,放入鸡块翻炒,加入清水、精盐、米酒煮沸,盖上锅盖,转小火煮约30分钟至鸡块熟嫩,淋入香油,出锅装碗即可。

鸡蓉豆花汤

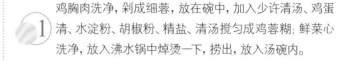

名厨笔记 在制作鸡蓉豆花汤时需要注意，在汤汁烧沸后再放入加工好的鸡蓉糊，再稍微煮几分钟至熟即可，不要煮的时间过久使鸡胸肉肉质老化，因为风味清爽的鸡蓉可以吃出鸡肉的软嫩鲜美。

原料 Ingredients

鸡胸肉	150克
鸡蛋清	4个
熟火腿末	15克
鲜菜心	2个
精盐	2小匙
味精	1小匙
胡椒粉	少许
水淀粉	2大匙
清汤	适量

做法 Method

1. 鸡胸肉洗净，剁成细蓉，放在碗中，加入少许清汤、鸡蛋清、水淀粉、胡椒粉、精盐、清汤搅匀成鸡蓉糊；鲜菜心洗净，放入沸水锅中焯烫一下，捞出，放入汤碗内。

2. 净锅置火上，加入清汤、精盐烧沸，再慢慢倒入调好的鸡蓉糊，轻轻搅动几下。

3. 然后转小火稍煮几分钟至熟嫩，出锅倒入盛有菜心的汤碗内，加入味精，撒上熟火腿末即可。

V 鸡蓉豆花汤是一道鲜咸清香，营养丰富的汤菜，煮制时建议不用加入味精，因为鸡胸肉、鸡蛋清，加上清汤都比较鲜美了，再加上味精增鲜，有些多余了。

大 V 点评

蒙山鸡片汤

📖**名厨笔记** 四川为中国茶的发祥地之一，时至今日，川茶的影响力依旧，产销量在全国都是数一数二。四川最著名的就是蒙山茶，产于四川蒙顶山，用蒙山茶搭配清香的鸡肉片和豆苗等煮制而成的美味汤羹，也是当地的风味菜肴之一。

原料 Ingredients

鸡胸肉	150克
蒙山茶	15克
净豌豆苗	10克
鸡蛋清	1个
精盐	2小匙
味精	少许
料酒	1大匙
胡椒粉、淀粉	各1小匙
鸡汤	750克

大 V 点评
Comment from Vip

V 曾经在杭州品尝过龙井鸡片汤，与蒙山鸡片汤有异曲同工之妙，鸡肉的嫩滑、汤汁的茶香，搭配翠绿的豆苗，简单的调味，是一款春季靓汤。

做法 Method

1. 将鸡胸肉去掉筋膜，洗净，擦净水分，切成大薄片，放入碗内，加入料酒、精盐、鸡蛋清和淀粉拌匀，再放入沸水锅中汆烫至熟，捞出。

2. 把蒙山茶放入碗内，先加入少许开水浸泡一下，沥干水分，再加入开水泡3分钟。

3. 锅置火上，加入鸡汤、蒙山茶水、精盐、味精、胡椒粉烧沸，放入豌豆苗和熟鸡肉片稍煮，出锅装碗即成。

营养·窍门 Tips for others

白果腐竹炖乌鸡是一道滋补菜肴，可以滋阴养颜抗衰老，扩张微血管，促进血液循环，使人肌肤、面部红润，精神焕发，延年益寿，是老幼皆宜的冬令汤羹之一。

白果腐竹炖乌鸡

📖**名厨笔记** 白果腐竹炖乌鸡是一道美味滋补汤羹，制作时需要注意，在煮乌鸡前可用刀背将乌鸡的腿骨、胸骨砸碎，再放入汤锅内熬炖，可最大限度地保留乌鸡的营养滋补功效；此外熬制时最好不用高压锅，而用砂锅炖煮（炖煮时宜用文火慢炖），可使成菜口味别具一格。

原料 Ingredients

净乌鸡	1只(约700克)
水发腐竹	200克
白果	150克
葱段	20克
老姜	3片
精盐、鸡精	各2小匙
味精、料酒	各4小匙
胡椒粉	1小匙

做法 Method

1. 净乌鸡剁成骨牌块，放入清水锅中烧沸，加上葱段、老姜煮约8分钟，捞出乌鸡块洗净；白果去壳、去心，用清水洗净。

2. 把水发腐竹切成3厘米长的小段，放入沸水锅中焯透，捞出、过凉，轻轻攥净水分。

3. 锅中加入清水，放入乌鸡、白果和腐竹烧沸，加入精盐、味精、鸡精、料酒和胡椒粉，出锅倒入盆中，用牛皮纸封口，上笼蒸约2小时至鸡块软烂，取出上桌即可。

韭菜鸭红凤尾汤

📖**名厨笔记** 韭菜鸭红凤尾汤是一道家常风味汤羹菜肴,红色的鸭血、白色的豆腐、绿色的韭菜、搭配清香味美的文蛤和鸡蛋熬煮而成的韭菜鸭红凤尾汤色泽美观,口味鲜美,操作简单,营养丰富,适合全家人享用。

原料 Ingredients

鸭血豆腐	200克
北豆腐	150克
文蛤	100克
韭菜	50克
鸡蛋	1个
姜块	10克
精盐、味精	各1小匙
胡椒粉、白醋	各2小匙
水淀粉、香油	各1大匙
植物油	适量

做法 Method

①将鸭血豆腐、北豆腐均切成小条;韭菜择洗干净,切成细末。

②将文蛤放入淡盐水中浸泡2小时,捞出冲净,沥干水分;姜块去皮,洗净,切成细丝;鸡蛋磕入碗中,加入少许清水搅打均匀成鸡蛋液。

③锅中加入适量清水烧沸,放入北豆腐、鸭血豆腐焯透,捞出、沥干。

④锅中加上植物油烧热,下入姜丝炒香,加入精盐、味精及适量清水煮沸,用水淀粉勾芡。

⑤淋入鸡蛋液后搅匀,转小火,放入文蛤、豆腐、鸭血,加入胡椒粉、白醋烧沸,撒上韭菜末,淋入香油,即可出锅装碗。

大 V 点评 Comment from Vip

V 非常喜欢的一道汤菜,蛤蜊的咸鲜味道会渗入鸭血和豆腐中,当然要制作好此汤,关键就是蛤蜊一定要干净,汤中如果混进了泥沙,喝起来嘴里心里都会不舒服。

营养·窍门 Tips for others

豆腐高蛋白质、高矿物质、低脂肪，搭配肉质鲜嫩，含丰富的蛋白质及钙质的蛤蜊等成菜，有清热生津、解毒、补中宽肠的作用，对于孕妇，多吃还可有效预防水肿。

营养·窍门 Tips for others

鸡蛋是我们家庭最常用的原料之一，其不仅富含蛋白质，还富含DHA和卵磷脂、卵黄素等，对神经系统和身体发育有非常好的作用，能够健脑益智，改善记忆力，并促进肝细胞再生。

酸辣鸡蛋汤

📖名厨笔记 酸辣鸡蛋汤可以说是一道最为简单的家常蛋汤，但其微酸微辣的味道，却让人垂涎三尺。制作时需要注意，淋入鸡蛋液时一定调小火，防止鸡蛋变老。另外家庭可以添加一些配料，比如猪里脊肉、西红柿、竹笋、冬菇、豆腐等，营养更为均衡。

原料 Ingredients

鸡蛋	3个
香菜	25克
小辣椒	15克
精盐	1小匙
酱油	2小匙
米醋、水淀粉	各1大匙
香油	少许
清汤	1000克

做法 Method

1 把鸡蛋磕入大碗中搅拌均匀成鸡蛋液；香菜去根和老叶，洗净，沥水，切成小段；小辣椒洗净，去蒂及籽，一切两半。

2 净锅置火上烧热，加入清汤，先放入小辣椒、精盐、米醋、酱油，用旺火煮沸。

3 撇去表面浮沫，用水淀粉勾薄芡，慢慢淋入鸡蛋液煮至定浆，然后出锅盛入汤碗内，撒上香菜段，淋入香油即可。

酸辣豆皮汤

名厨笔记 酸辣豆皮汤是一款四川风味汤菜，其用四川遂宁特产的豆腐皮为主料，搭配菠菜、水发木耳等（家庭可以增加一些配料，如猪肉丝、冬笋丝、香菇丝等）、用红干椒、白醋、胡椒粉等煮制而成，具有色泽美观，酸辣适口的特色。

原料 Ingredients

豆腐皮	200克
菠菜	100克
水发木耳	50克
红干椒	10克
葱段、姜片	各15克
酱油	2小匙
白醋	4小匙
水淀粉	1大匙
胡椒粉、香油	各1小匙
清汤	750克

大 V 点评
Comment from Vip

 一直对酸辣味道的汤情有独钟，但是去外面喝到的总是有不如意的地方，或太酸、或料太少、或淀粉太多，还是自己做，根据家人的口味进行调整，吃得也会舒爽。

做法 Method

1 豆腐皮洗净，用沸水略焯一下，捞出、切成丝；水发木耳去根，洗净，切成细丝；菠菜洗净，切成小段。

2 锅中加上植物油烧热，下入葱段、姜片、红干椒炒出香辣味，烹入白醋，添入清汤，放入豆腐皮丝、水发木耳丝、菠菜段、酱油烧沸。

3 撇去汤汁表面浮沫，用水淀粉勾薄芡，撒入胡椒粉，淋入香油，出锅装碗即成。

红汤豆腐煲

名厨笔记 豆腐，尤其是卤水豆腐往往有一股涩水味。在烹制前如果将豆腐浸泡在淡盐水内(一般500克豆腐用5克盐)，不仅能除异味，而且可保存数日不坏,而且在制作豆腐菜时也不易碎。

原料 Ingredients

豆腐	200克
大白菜叶	100克
粉丝、香菜段	各15克
干辣椒段	50克
葱段、姜片、葱花	各10克
精盐、味精、香油	各少许
酱油、胡椒粉	各少许
豆瓣酱	2大匙
火锅底料	2大匙
植物油	3大匙
鲜汤	750克

做法 Method

① 豆腐切成4厘米长，2厘米宽的骨牌片，放入沸水中焯透，捞出、沥水；大白菜叶洗净，撕成小块。

② 锅中加油烧热，下入葱段、姜片和少许干辣椒段炸香，放入豆瓣酱炒出红油，倒入鲜汤和火锅底料煮沸。

③ 放入豆腐片、白菜叶、粉丝，加入酱油、精盐、味精、胡椒粉煮至入味，出锅倒入砂煲里，淋上香油，撒上葱花、香菜段和干辣椒段。

④ 净锅置火上，加入植物油烧至九成热，出锅浇淋在辣椒段上即成。

V 豆腐不论如何烹制都是非常美味营养的原料之一，老少皆宜。我做豆腐煲一般都随意搭配，有时只要加入不同的酱料都会有不同的滋味，百变随意，最适合厨房新手。 大V点评

营养·窍门 Tips for others

鸡腿肉含有丰富的蛋白质，西红柿、香菇等富含维生素C，一起熬煮成汤羹食用，可以增强肝脏的解毒功能，提高免疫力，美白肌肤，消除疲劳，预防感冒。

什锦鸡腿汤

📖**名厨笔记** 在煮制带骨鸡腿肉时不容易将中心也煮熟，家庭中除了如本菜介绍的把鸡腿剁成块外，也可用刀在鸡腿肉的表面划几刀，使鸡肉与骨头稍微分离，这样就比较容易将里面的鸡肉也煮熟了。

原料 Ingredients

净鸡腿	1只(约150克)
鲜香菇、毛豆仁	各80克
西红柿	1个
水发海带	50克
洋葱粒	15克
精盐	1小匙
味精	1/2大匙
料酒、豆瓣酱	各1大匙
植物油	2大匙

做法 Method

1 将鸡腿洗涤整理干净，剁成大块，放入清水锅中，上火略焯一下，捞出鸡腿块，换清水冲净。

2 水发海带洗净，切成菱形片；鲜香菇去蒂，洗净，切成大片；西红柿去蒂，洗净，切成小瓣。

3 锅中加上植物油烧热，下入洋葱、西红柿和豆瓣酱稍炒，添入清水，放入鸡腿煮30分钟，加入香菇、毛豆仁、海带、精盐、味精、料酒煮至入味，出锅装碗即成。

营养·窍门 Tips for others

　　草鱼含有丰富的不饱和脂肪酸，搭配富含多种营养素的羊肉、酸菜、西红柿等熬煮成汤食用，滋补效果佳，对于调理体力、镇静安神、滋补气血等，都有比较好的食疗功效。

羊汤酸菜番茄鱼

📖名厨笔记 羊汤酸菜番茄鱼用料多，草鱼、羊肉、酸菜、西红柿等一起结合成汤，不仅美味，更是一道绿色、健康的家常汤菜。制作此汤菜的关键是首先要熬煮好羊汤；二是草鱼要收拾干净；三是要小火煮至鱼肉熟嫩即可，时间不用太长。

原料 Ingredients

净草鱼	1条
羊肉	200克
四川酸菜	100克
西红柿	75克
香菜	50克
泡椒末	30克
葱段、姜片	各15克
精盐	2小匙
胡椒粉	1小匙
料酒、植物油	各1大匙

做法 Method

1. 将羊肉洗净血污，放入清水锅中烧沸，焯烫出血水，捞出、沥净。

2. 锅中加入适量清水，放入羊肉、葱段和姜块烧沸，转小火炖至熟嫩成羊肉汤；西红柿去蒂，洗净，切成大块；净草鱼洗净，切成大块。

3. 锅中加上植物油烧热，下入葱段和姜片炒香，放入四川酸菜和泡椒末炒匀，下入西红柿块炒至软烂。

4. 倒入熬煮好的羊肉汤烧沸，加入胡椒粉、精盐和料酒调味，倒入汤锅中，置小火上煮至入味，最后放入草鱼块炖至熟嫩，离火上桌即可。

大V点评 Comment from Vip

V 中国文字中鱼羊为鲜，因此我们也有一道鱼羊鲜的菜肴，是用鱼肉搭配羊肉，用烧的技法加工而成。本菜在鱼羊鲜的基础上，增加了四川酸菜、西红柿等一起，用炖的方法加工成汤菜，避免了鱼羊鲜过于肥厚的缺陷，而且营养更为丰富。

营养·窍门 Tips for others

　　鲈鱼富含蛋白质、脂肪和微量元素，老姜解表散寒、温中止呕、温肺止咳，靓粥搭配成汤，适用于脾胃虚弱，消化不良，少食腹泻，或胃脘隐隐作痛怕冷者。

老姜鲈鱼汤

📖名厨笔记 老姜俗称姜母，立秋之后收获的姜，即姜种，皮厚肉坚，味道辛辣。用老姜搭配新鲜的鲈鱼，用小火煲制而成的老姜鲈鱼汤，是一道家常风味汤菜，具有色泽美观，鱼肉鲜嫩，汤汁鲜美的特色。

原料 Ingredients

鲈鱼	1条(约750克)
老姜	25克
精盐	1小匙
料酒	1大匙
香油	3大匙
猪骨汤	1500克

做法 Method

1 鲈鱼去掉鱼鳞、鱼鳃、除内脏，洗净，在鱼身两侧剞上交叉花刀；老姜去皮，洗净，切成大片。

2 坐锅点火，加入香油烧至六成热，放入鲈鱼煎至两面呈金黄色，捞出、沥油。

3 锅中留底油烧热，下入老姜片炒香出味，放入鲈鱼略烧，烹入料酒，添入猪骨汤，旺火烧沸后转小火煲约30分钟，加入精盐调好口味，即可出锅装碗。

鲤鱼苦瓜汤

📖名厨笔记 中国有句俗语：春吃叶夏吃瓜，就是说夏天要多吃瓜。苦瓜就适合在夏天食用，而鲤鱼富含蛋白质、脂肪和钙、磷等矿物质，且营养易于人体消化吸收，搭配熬煮成汤，可以祛暑解渴，开胃生津。

原料 Ingredients

净鲤鱼	1条(约750克)
苦瓜	200克
柠檬	1个
精盐	2小匙
味精	1/2小匙
胡椒粉	少许
姜汁、料酒	各1大匙
高汤	1500克

做法 Method

1. 净鲤鱼洗净，去掉鱼头、鱼尾，取两片鱼肉，剔除鱼骨，把净鱼肉切成大片，加入少许精盐拌匀。

2. 苦瓜洗净，先纵切成两半，去籽及内膜，再切成小片；柠檬洗净，切成片。

3. 锅置火上，加入高汤，放入鲤鱼肉片、苦瓜片、柠檬片，加入精盐、味精、胡椒粉、姜汁、料酒，用旺火煮沸，再转小火煮约10分钟至入味，出锅装碗即可。

V 鲤鱼苦瓜汤中食材的搭配比较有意思，其中苦瓜吸收了鲤鱼中的苦味，变得不再那么苦，柠檬酸酸的味道，又很好地去除了鱼腥膻气味，值得回家尝试制作一次！

大 V 点评

鸡枞鲜鱿汤

📖名厨笔记 鸡枞鲜鱿汤是用鱿鱼搭配鸡枞熬煮而成,口味鲜咸,营养丰富,富含钙、镁、铁、磷、蛋白质、碳水化合物、核黄素、尼克酸等,具有益胃、清神、养血、润燥功效,还具有提高机体免疫力、抑制癌细胞、降低血糖的食疗功效。

原料 Ingredients

鲜鱿鱼	200克
鸡枞菌	150克
葱花	5克
精盐	1小匙
味精、鸡精	各1/3小匙
胡椒粉、水淀粉	各少许
清汤	750克

大 V 点评
Comment from Vip

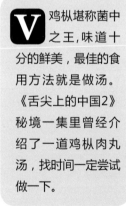

V 鸡枞堪称菌中之王,味道十分的鲜美,最佳的食用方法就是做汤。《舌尖上的中国2》秘境一集里曾经介绍了一道鸡枞肉丸汤,找时间一定尝试做一下。

做法 Method

1 鲜鱿鱼撕去外膜,用清水漂洗干净,切成细丝;鸡枞菌洗涤整理干净,撕成小条丝,放入沸水锅中焯烫一下,捞出、沥干。

2 坐锅点火,添入清汤,先下入鲜鱿鱼丝、鸡枞条略煮,加入胡椒粉、精盐、味精、鸡精煮匀。

3 然后用水淀粉勾薄芡,撒上葱花,转小火续煮5分钟,即可出锅装碗。

营养・窍门 Tips for others

牛蛙有滋补解毒的功效，消化功能差或胃酸过多者以及体质弱者可以用来滋补身体。此外牛蛙可以促进人体气血旺盛，精力充沛，滋阴壮阳，有养心安神补气之功效，有利于病人的康复。

水煮牛蛙

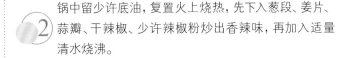 **名厨笔记** 牛蛙原产北美地区，20世纪50年代从古巴、日本引进我国内陆，现全国各地均有养殖。牛蛙属于高蛋白、低脂肪原料，烹调中可用爆、炒、烧、焖、煮、炖等技法加工成菜。四川常用麻辣味、蒜香味、豆豉味、香辣味、鱼香味等制作牛蛙菜肴。

原料 Ingredients

牛蛙	350克
生菜	150克
葱段、姜片	各15克
蒜瓣、干辣椒	各10克
辣椒粉、精盐	各2小匙
鸡精、料酒	各1小匙
酱油、植物油	各适量

做法 Method

① 将牛蛙剥皮，洗净，剁成大块，加入辣椒粉拌匀，放入热油锅中炸至变色，捞出、沥油。

② 锅中留少许底油，复置火上烧热，先下入葱段、姜片、蒜瓣、干辣椒、少许辣椒粉炒出香辣味，再加入适量清水烧沸。

③ 然后放入牛蛙块，加入料酒、精盐、酱油煮至熟嫩，放入生菜叶，加入鸡精，出锅装碗即可。

鸡米豌豆烩虾仁

📖**名厨笔记** 鸡米豌豆烩虾仁是一道家常风味汤菜，成品色泽美观，虾仁软嫩，鸡米软糯，清香味美。主料中的鸡头米最好选用新鲜的芡实，本菜因为没有购买到新鲜的鸡头米，就用干货代替。干品鸡头米需要先用清水浸泡，再用小火煮制，以保持其软嫩的特点。

原料 Ingredients

虾仁	150克
鸡头米（芡实）	100克
豌豆粒	50克
鸡蛋清	1个
葱末、姜末	各5克
精盐、淀粉	各2小匙
味精、胡椒粉	各1/2小匙
水淀粉	1大匙
植物油	适量

做法 Method

1. 将虾仁由背部切开，去除沙线，洗净，放入碗中，加入少许精盐、味精、胡椒粉、鸡蛋清、淀粉调拌均匀。

2. 鸡头米用清水浸泡30分钟，放入清水锅中烧沸，转小火煮20分钟，取出。

3. 锅中加入适量清水烧沸，加入少许精盐，放入虾仁焯至变色，捞出、沥水。

4. 锅中加上植物油烧热，下入葱末、姜末炒香，加入适量的清水烧沸，再加入少许精盐、味精、胡椒粉调味，放入豌豆粒煮沸。

5. 然后用水淀粉勾芡，放入煮好的鸡头米、虾仁煮匀，出锅装碗即可。

大 V 点评 Comment from Vip

每年9月是鸡头米的收获期，曾经品尝过新鲜的鸡头米，煮熟后口感软糯，清香宜人，搭配豌豆粒的清甜、虾仁的鲜美，是一道非常有特色的佳品。

营养·窍门 Tips for others

　　虾仁营养丰富, 芡实性味甘平, 为滋养强壮性食物, 搭配制作成汤食用, 能扩张冠状动脉, 有利于预防高血压及心肌梗死, 适用于慢性泄泻和小便频数、梦遗滑精、虚弱、遗尿、老年人尿频等。

营养 · 窍门 Tips for others

鲍鱼营养丰富，在我国古代就被人们视为食物中的珍品，也具有很高的滋补食疗功效，配以有强身保健效果的鸽蛋一起熬煮成汤，可以消除疲劳，滋补强身，对脑力性疲劳者尤为适宜。

鸽蛋鲍片汤

📖名厨笔记 鸽蛋鲍片汤选用名贵的鲍鱼，搭配鸽蛋和冬笋等熬煮成汤上桌，成菜鲍鱼味鲜，鸽蛋爽滑，冬笋清口，荤素交融，形态美丽。鲍鱼无鲜味，需要先用清汤煨煮，切成鲍鱼片是为了易于得味，鸽蛋去皮后应完整勿碎，使成型美观。

原料 Ingredients

鲜鲍鱼	400克
熟鸽蛋	200克
冬笋	50克
水发冬菇	30克
精盐	1小匙
味精、鸡精	各2小匙
清汤	1500克

做法 Method

① 将鲍鱼去掉外壳，取鲍鱼肉，去掉杂质，用清水洗净，切成薄片，放入清汤锅内煮煨30分钟，捞出。

② 熟鸽蛋剥去外壳，洗净；冬笋洗净，切成大片；冬菇去蒂，洗净，也切成片。

③ 净锅置火上，加入清汤、精盐、味精、鸡精，放入鸽蛋烧沸，转小火煨至入味，然后放入鲍鱼片、冬笋片、冬菇片续煮5分钟，即可出锅装碗。

海鲜酸辣汤

📖名厨笔记 下面介绍的海鲜酸辣汤是家庭简易版本，使用鲜贝、海米、豆腐、木耳、鸡蛋等熟煮而成。想制作好一碗酸辣汤，调制酸辣味的时机是很重要的，不论是米醋还是胡椒粉，长时间熬煮都会使味道挥发、变淡，所以熬煮好的酸辣汤最后放入米醋和胡椒粉是最好时机。

原料 Ingredients

鲜贝	100克
水发海米	50克
水发木耳	15克
豆腐	1块
鸡蛋	1个
精盐、味精	各2小匙
胡椒粉	1小匙
米醋、水淀粉	各2大匙
香油	少许

大V点评
Comment from Vip

 酸辣汤的辣味应该是胡椒的味道，而不是辣椒的味道，如果发现哪一碗酸辣汤是用辣椒粉提辣味，我觉得是不对的。越新鲜的胡椒粉味道越充分，所以做酸辣汤先磨一点胡椒粉最好。

做法 Method

① 水发木耳去蒂，洗净，撕成小块；豆腐洗净，切成3厘米见方的片，鲜贝、水发海米分别洗净。

② 净锅置火上，加入适量清水，放入豆腐片、水发木耳块烧沸，再放入鲜贝和水发海米稍煮。

③ 加入酱油、精盐，然后淋入打匀的鸡蛋液（边倒边搅），用水淀粉勾芡，出锅倒在汤碗内，加上米醋，淋上香油，撒上胡椒粉、味精即可。

PART 4

别样主食

营养·窍门 Tips for others

　　面粉中含有丰富的碳水化合物，与番茄中含有的维生素C和番茄红素相遇，可以促进胶原蛋白的合成，预防黑斑和雀斑生成，美白肌肤，消除疲劳，提高机体免疫力。

番茄麻辣凉面

📖名厨笔记 番茄麻辣凉面是在四川传统四川麻辣凉面的基础上,用手工制作的番茄面条替代原来的手擀面,搭配传统的麻辣味汁而成。番茄麻辣凉面采用了川味的精华,只要掌握了川味的几种调味料,制作出的麻辣凉面就会令人食之神魂颠倒,大呼过瘾。

原料 Ingredients

面粉	300克
鸡胸肉	150克
黄瓜丝	50克
熟芝麻	15克
辣椒酥	30克
葱末、姜末、蒜蓉	各5克
熟花椒、味精	各少许
精盐、米醋	各1小匙
白糖	2小匙
番茄酱、酱油	各3大匙
芝麻酱	3小匙
植物油	适量

做法 Method

① 辣椒酥切成小段,与熟花椒一起放入粉碎机中搅成碎末,装入盘中。

② 碗中加入芝麻酱、米醋、酱油、精盐、味精、白糖、姜末、蒜蓉及打碎的辣椒酥调拌均匀,再浇入烧热的植物油搅匀成味汁。

③ 鸡胸肉洗净,放入清水锅中煮至熟,捞出晾凉,撕成细丝(鸡汤留用);面粉中加入鸡汤、番茄酱、精盐搅匀,揉成面团,盖上湿布,饧30分钟,擀成薄片,切成面条。

④ 锅中加入清水烧沸,放入番茄面条煮至熟,捞入面碗中,淋入少许香油拌匀、晾凉,装入盘中,再放上黄瓜丝、熟鸡肉丝,浇上味汁,撒上葱末即可。

大 V 点评 Comment from Vip

 搭配番茄麻辣凉面的配菜除了黄瓜丝、熟鸡肉丝外,还可以用豆芽、胡萝卜、青椒等,但是需要注意的是,豆芽、绿叶蔬菜一类的则需要提前焯熟。

营养·窍门 Tips for others

邛崃奶汤面除了奶汤外，其搭配的臊子可以有多种变化，我个人喜欢用鸡丝臊子、牛肉末臊子或酸菜肉丝臊子替代，吃起来也是非常可口的。

邛崃奶汤面

📖 名厨笔记 邛崃奶汤面为四川邛崃市的著名风味小吃，因汤白似乳而得名，通常配以邛崃的另一道名小吃钵钵鸡一起食用。邛崃奶汤面中的奶汤是用新鲜猪骨、猪蹄、香肘、老鸡等，用小火炖煮而成，非常有特色。

原料 Ingredients

面条	250克
冬笋粒	50克
川冬菜碎粒	25克
香葱段	少许
奶汤	750克
精盐、味精	各1小匙
熟猪油	少许

做法 Method

① 净锅置火上，放入清水烧煮至沸，放入面条煮至熟，捞出面条，装在碗内。

② 坐锅点火，加入熟猪油烧热，下入冬笋粒、冬菜碎煸炒出香味。

③ 加入精盐，放入奶汤烧沸，加上味精煮匀，撒上香葱段，出锅倒入面碗中即成。

红油肉末面

📖**名厨笔记** 红油肉末面又称红油臊子面,是四川地区传统风味小吃之一。红油肉末面是用刀切面条配以牛肉末、干红辣椒、油菜段和调味料等煮制而成,具有汤鲜面滑,鲜辣爽口等特色。

原料 Ingredients

刀切面条	300克
牛肉	75克
油菜	50克
红干椒	15克
葱末、姜末	各10克
精盐、味精、鸡精	各1小匙
酱油、料酒	各2小匙
豆瓣酱、辣椒油	各1大匙
猪骨汤	750克
植物油	3大匙

做法 Method

1 油菜洗净,切成小段;红干椒泡软,切成细丝;豆瓣酱剁碎;牛肉洗净,剁成碎末。

2 坐锅点火,加上植物油烧热,先下入红干椒丝炸香,放入牛肉末炒至变色。

3 加入豆瓣酱、葱末、姜末略炒,添入猪骨汤烧沸,下入刀切面条,转中火煮至熟透,再放入料酒、精盐、鸡精、酱油、油菜段、味精略煮,淋入辣椒油,即可出锅。

V 红油肉末面是我经常制作的风味主食之一,制作上可以用猪肉末、羊肉末替代牛肉末;油菜等也可以用其他蔬菜替代,如豆芽、冬笋、香菇、芽菜、豆苗等。

大 V 点评

铜井巷素面

📖**名厨笔记** 铜井巷素面是在担担面的基础上改进发展起来的，由被誉为烹坛巾帼的陆淑佩一手创立，50多年前便在成都市铜井巷开店经营，不久受到顾客的欢迎，这碗素面获评为成都名小吃，因创始于铜井巷，故名。

原料 Ingredients

韭菜叶面条	400克
大葱、蒜瓣	各15克
豆豉、油辣椒	各1大匙
芝麻酱、香油	各少许
花椒粉、红酱油	各1小匙
味精、米醋	各适量

大∨点评
Comment from Vip

V 炎热的夏季，做一道素面是一种不错的选择，制作时除了味汁外，我还喜欢加上一些配菜一起拌制，常用的配菜有豆芽菜、黄瓜丝、胡萝卜丝等。

做法 Method

1 净锅置火上，放入清水烧沸，放入韭菜叶面条煮至熟，捞出，放在面碗内。

2 将大葱去根，洗净，切成细末；豆豉切碎；蒜瓣去皮，剁成细蓉。

3 将葱末、蒜蓉、豆豉放入碗内，加入油辣椒、芝麻酱、香油、花椒粉、红酱油、味精、米醋拌匀成味汁，淋在面条上即可。

营养·窍门 Tips for others

牛肉面易于消化，含有丰富的蛋白质、碳水化合物、钙、铁、磷、钾、镁等矿物质，有养心益肾、健脾厚肠的功效，还可以改善贫血、增强免疫力、平衡营养吸收等。

内江牛肉面

📖**名厨笔记** 内江牛肉面是四川省内江市的著名特色小吃，也是著名画家、美食家张大千先生喜吃、擅做的面食小吃之一。内江牛肉面中色泽红润，面条细滑、牛肉香嫩、麻辣味浓，素有巴蜀小吃之首的美誉。

原料 Ingredients

面条	500克
牛腩肉	300克
桂皮、八角	各5克
葱段、姜片、葱花	各15克
精盐、味精、料酒	各2小匙
白糖、老汤	各适量
红酱油	3大匙
辣椒油	1大匙

做法 Method

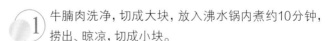 牛腩肉洗净，切成大块，放入沸水锅内煮约10分钟，捞出、晾凉，切成小块。

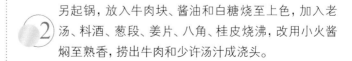 另起锅，放入牛肉块、酱油和白糖烧至上色，加入老汤、料酒、葱段、姜片、八角、桂皮烧沸，改用小火酱焖至熟香，捞出牛肉和少许汤汁成浇头。

③ 将牛肉汤汁烧沸，加入精盐、味精、葱花、少许酱油调匀，分盛入面碗中；再将面条煮熟，投入盛有肉汤的碗中，淋入牛肉浇头和辣椒油即可。

成都担担面

📖名厨笔记 担担面这种称谓，在四川而言，乃专指熟食小贩一个人一副担子叫卖的面食。所谓剃头的挑子一头热，担担面的挑子也是如此。这一头是一个煤球炉子，上面坐着一个锅，中间隔成两格，一格放热水用于煮面，一格用于炖汤；另一头就是碗筷、调料和洗碗的水桶。然后就可以用扁担挑在肩上，沿街游走叫卖。

原料 Ingredients

细面条	250克
猪五花肉	100克
木耳、香菇、口蘑	各少许
芝麻、香葱粒	各少许
蒜泥	15克
精盐、味精	各1小匙
酱油、清醋	各1大匙
芝麻酱、植物油	各2大匙
香油、辣椒油	各2小匙
鸭汤	适量

做法 Method

1 猪五花肉剁成肉末；芝麻酱放入小碗内，先加入清水、料酒、酱油调至浓稠，再加入清醋、精盐、味精、香油、辣椒油拌匀成味汁。

2 将木耳、香菇、口蘑分别用温水浸泡至发涨，捞出、沥水，切成小粒，分别放入沸水锅中略焯，捞出；芝麻放入锅内炒至熟香，出锅、晾凉。

3 锅中加入清水烧沸，下入面条煮约6分钟至熟，捞出面条，装入大碗中。

4 锅中加上植物油烧热，下入猪肉末略炒，放入木耳粒、香菇粒、口蘑粒炒匀，倒入味汁略炒，添入鸭汤烧沸，出锅倒入面条碗中，撒上香葱粒、熟芝麻、蒜泥即可。

大 V 点评 Comment from Vip

V 担担面的出名，重要的在于它的调味和面臊。四川人习惯把面臊分为三种，汤汁面臊就是带有汤水的面臊；稀卤面臊就是面臊比较浓稠，一般需要勾芡；干煵面臊是指炒制的面臊。调味方面，担担面的定碗调料非常多，如盐、酱油、白糖、味精、老醋、辣椒油、香油、芽菜、葱花、鲜汤、花生碎等。

营养·窍门 Tips for others

　　担担面的主要营养成分有蛋白质、脂肪、碳水化合物、微量元素等,易于被人体消化和吸收,有改善贫血、增强免疫力、平衡营养吸收等功效。

红油抄手

📖名厨笔记 抄手是四川人对馄饨的称呼，馄饨在全国各地均有制作，而红油抄手也是四川最为著名的小吃品种之一。制作时调好的馅料冷藏一段时间再使用，可以使口感更佳，另外包抄手时，一个抄手的肉馅不宜包得太多，容易腻。

原料 Ingredients

五花猪肉	200克
抄手皮	20张
鸡蛋	1个
葱末	15克
精盐、味精	各1小匙
料酒、香油	各1/2大匙
胡椒粉	少许
辣椒油、酱油	各1大匙

做法 Method

1. 五花猪肉剔除筋膜，剁成肉蓉，放在碗里，分三次加入清水150克调匀，磕入鸡蛋，加上精盐、料酒、味精、胡椒粉拌均匀成馅料。

2. 取1张抄手皮，中间放入馅料，上下对折成三角形，并将左右两角向中间折一下成"抄手"生坯。

3. 把辣椒油、酱油、香油和味精调匀成味汁，分别放在4个碗内，撒入葱末。

4. 锅中加入清水烧沸，下入"抄手"煮5分钟，捞出，装入盛有调料的小碗内，即可上桌食用。

V 喜欢制作红油抄手，这里有两点说明，一是抄手极易成熟，基本开锅后下入抄手，再次沸后即可，不需要煮5分钟；二是除了红油汁外，其他的配料可以根据个人喜好添加。　　大V点评

营养·窍门 Tips for others

钟水饺富含蛋白质、脂肪、碳水化合物、B族维生素等，有补肾养血，滋阴润燥功效，对消渴羸瘦、肾虚体弱、便秘、补虚、滋阴润燥、润肌肤等有很好的效果。

钟水饺

📖**名厨笔记** 钟水饺始于光绪十九年，因创始人姓钟而得名。钟水饺以其独特风味蜚声海内外，是四川成都地区著名小吃。钟水饺与一般北方水饺的主要区别是全用猪肉馅，不加其他鲜菜，上桌时淋上特制的红油，微甜带咸，兼有辛辣，风味独特。

原料 Ingredients

面粉	400克
猪腿肉	250克
鸡蛋	1个
花椒水、姜末	各15克
蒜蓉	10克
精盐	适量
酱油、辣椒油	各2小匙
味精	少许

做法 Method

①　将面粉加入适量清水和成面团，稍饧，搓成长条，下成小面剂，再擀成饺子皮。

②　猪腿肉去除筋膜，剁成猪肉蓉，加入花椒水、姜末、精盐、味精、鸡蛋液搅匀成馅料，包入饺子皮中，捏花边封口成饺子生坯。

③　锅中加入清水烧沸，下入饺子煮至熟，捞入大盘内，再加入酱油、辣椒油、蒜蓉调匀即成。

营养·窍门 Tips for others

　　水煎包中含有丰富的蛋白质、碳水化合物、微量元素等，能促进营养和食欲的增加，可以养胃健胃、补血养血、调理肠胃、提高免疫力、增强记忆力、滋阴补阴、开胃消食。

小白菜馅水煎包

📖名厨笔记 水煎包属于大众风味小吃，物美价廉，制作不受四季影响。制作水煎包馅料是一方面，用火、用油、用面也是重要因素。包子皮为发面皮，太老太嫩都会影响包子的质量。在特制的平底锅内刷上底油，油不宜过多或过少，把包好的包子依次顺序放入锅内，淋上植物油和点上清水煎熟即成，其中点水也叫"下汗"，火候尤为重要，总之要做到油清、面白、馅鲜。

原料 Ingredients

发酵面团	适量
小白菜、粉丝	各100克
鲜香菇	80克
虾皮	50克
葱末	10克
姜末	5克
精盐、味精	各1/2小匙
香油	2小匙
植物油	适量

做法 Method

① 将小白菜洗净，放入沸水锅中焯烫，取出、过凉，切成碎末，攥干水分；鲜香菇去蒂，洗净，切成小粒；粉丝用温水泡软，沥水，切成小段。

② 虾皮用热水浸泡一下，捞出、沥水，放入热锅中炒干，再加入少许植物油炸香，取出。

③ 小白菜末放入盆中，加入香菇粒、粉丝段、虾皮、味精、精盐、香油搅拌均匀成馅料；发酵面团揉匀，搓条、下剂，擀成薄皮，包入适量馅料成水煎包生坯。

④ 平底锅置火上，收口朝下放入水煎包生坯，淋入少许植物油烧热，加入清水烧沸，盖上锅盖，煎焖至水分收干，淋入少许油，撒上葱末，出锅装盘即可。

大∨点评 Comment from Vip

V 很喜欢吃水煎包子，也常常在家制作。我做水煎包不是加清水，而是加上一定数量的稀面水，面水尽量勾兑得稀一点，如果黏稠了都裹在包子上成一圈面糊，影响水煎包外观。淋上面水后盖上锅盖，小火煎到水干至焦黄，包子底部那层焦焦的部分特别好吃。

三合面蒸饺

📖**名厨笔记** 这款三合面蒸饺是用面粉、玉米面、黄豆面搭配和成面团后蒸制而成，这三种粮食都是农作物中的佳品，蒸出的三和面蒸饺，外表金灿灿的很可爱，馅料也很宜人，营养价值、保健功效俱佳，具有益气养阴、生津止渴之功效，适于气阴两虚型糖尿病患者食用。

原料 Ingredients

玉米面	200克
面粉、韭菜	各150克
黄豆面	50克
豆腐	300克
水发海米	25克
姜末	15克
精盐、鸡精	各1小匙
味精、十三香粉	各少许
香油	1大匙
植物油	2大匙

大 V 点评
Comment from Vip

V 对于每天吃着鸡、鸭、鱼、肉的我们，是时候吃点粗粮了。粗粮除了本小吃介绍的玉米面、黄豆面外，绿豆面、荞麦面等也是不错的选择。

做法 Method

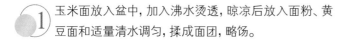

① 玉米面放入盆中，加入沸水烫透，晾凉后放入面粉、黄豆面和适量清水调匀，揉成面团，略饧。

② 豆腐洗净，切成薄片，用沸水焯透，捞出晾凉，切成碎丁；韭菜择洗干净，切成碎末；海米洗净，剁成碎末。

③ 豆腐碎盛入容器中，放入姜末、韭菜末、海米末、精盐、鸡精、味精、十三香粉、香油和植物油搅匀成馅料。

④ 面团搓成长条，揪成剂子，按扁擀皮，包入馅料，捏成月牙形饺子生坯，放入蒸锅内蒸至熟，取出即成。

营养 · 窍门 Tips for others

羊肉能暖中补虚，补中益气，开胃健身，益肾气，养胆明目，搭配富含碳水化合物的米线等制作成小吃食用，可以补虚损、温肾阳、健脾胃、益精气，并且还有养颜润肤的效果。

盐边羊肉米线

📖名厨笔记 盐边羊肉米线是四川省攀枝花市盐边县的著名特色小吃，该品羊肉采用当地产的骟羊肉，是天然放牧的绿色食品，加入多种中草药后，不仅除去了羊肉的腥膻味，而且使羊肉有着独特的香味；米线用桂朝米和杂交稻米混合制成，入口细滑爽口、风味独特。

原料 Ingredients

米线	750克
带骨鲜羊肉	500克
香菜段	15克
丁香、草果	各5克
山奈、桂皮	各3克
葱花	10克
精盐	2小匙
鸡精、油海椒	各适量

做法 Method

1 将带骨鲜羊肉洗净，放入冷水锅内，加入丁香、草果、山奈、桂皮烧沸，转中火煮2小时，捞出，去骨取熟羊肉，晾凉后切成大片。

2 将羊骨再放入原汤锅内，继续煮制成羊汤，加入少许精盐、鸡精调好口味，去掉羊骨和杂质成羊汤。

3 米线放入热水中浸泡30分钟，放入沸水锅内煮至熟，捞出放在大碗内，浇上羊肉汤，放入羊肉片，撒上葱花、香菜段、油海椒即可。

叶儿粑

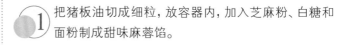

📖名厨笔记 叶儿粑为川西地区著名小吃，因用芭蕉叶包上蒸制而成，故名。而成都所产的叶儿粑又叫艾馍，原是川西农家清明节的传统食品。1940年，新都天斋小食店将艾馍精心改制，更名为叶儿粑。叶儿粑具有色泽美观，软硬适度，滋润爽口，清鲜香甜等特色，深受大众喜欢。

原料 Ingredients

糯米粉、大米粉	各200克
猪肉	150克
面粉	50克
猪板油、芽菜末	各40克
香菌末、芝麻粉	各少许
芭蕉叶	适量
精盐、酱油	各2小匙
白糖、香油	各1大匙

做法 Method

① 把猪板油切成细粒，放容器内，加入芝麻粉、白糖和面粉制成甜味麻蓉馅。

② 猪肉洗净，切成碎末，放入烧热的锅内煸炒至熟，出锅、晾凉，加入精盐、酱油、香菌末、芽菜末、香油拌匀制成咸味馅料。

③ 糯米粉、大米粉过细筛，放在容器内，加上适量温水揉匀成粉团，制成剂子，分别包上甜、咸馅料，做成团状，再裹上芭蕉叶成生坯，放入蒸笼内蒸熟即成。

V 叶儿粑是遍及四川城乡的风味名小吃，因其制作时用巴叶、玉米叶等包裹蒸食而得名，家庭在制作时如果没有巴叶，可以用荷叶、粽子叶替代。

大 V 点评

营养·窍门 Tips for others

本品含有丰富的碳水化合物、维生素、矿物质等，具有补中益气、健脾养胃、通血脉、聪耳明目、止烦止渴功效，对腹泻、贫血、神经衰弱有比较好的疗效。

三大炮糍粑

📖**名厨笔记** 此品因糍粑击桌时发出砰、砰、砰的响声而得名，是四川成都市著名小吃之一。每年青羊宫花会是三大炮大显身手之时，越是人多的地方，它越有竞争力。因为它除了能调动人们的嗅觉外，还可以调动人们的听觉。

原料 Ingredients

糯米	500克
黄豆	200克
红糖	适量

做法 Method

① 把糯米淘洗干净，浸泡6小时，放入蒸锅内蒸至熟，取出，压成蓉成糍粑；黄豆炒至熟，取出，磨成黄豆粉；红糖用适量开水溶化成浓汁。

② 将黄豆粉放入簸箕内摊开，前端放小桌一张，桌上放方形木盘，盘内放两到四组、两三个一叠的铜盏。

③ 将糍粑揉成三个圆球状，用力分三次丢向木盘，滚入黄豆粉簸箕内，均匀裹上黄豆粉，再放入盘内，浇上红糖汁即成。

营养·窍门 Tips for others

一般来说年轻人多吃一点肥肠粉没有什么问题，但对于中老年人，则是少吃为好，因为动物内脏含高胆固醇，对于有高血压、高血脂、糖尿病以及心脑血管疾病的患者不宜多吃。

白家肥肠粉

📖名厨笔记 白家肥肠粉为成都市双流县境内白家镇的著名风味小吃之一，至今已有上百年的历史。白家肥肠粉以味美制胜，一直深受人们喜爱。白家肥肠粉的特点是粉丝晶莹剔透，汤碗红白分明，入口麻辣鲜香。

原料 Ingredients

红苕粉	500克
熟猪肠	150克
熟猪肺、熟猪心	各100克
芽菜	50克
大葱	15克
精盐、酱油	各适量
胡椒粉、味精	各1小匙
辣椒油、花椒水	各1大匙

做法 Method

1. 将熟猪肠、熟猪肺、熟猪心洗净，切成小块；芽菜洗净，剁成末；大葱切成葱花。

2. 将精盐、酱油、味精、胡椒粉、辣椒油、芽菜末和葱花放入面碗内。

3. 把猪心、猪肠、猪肺放在漏勺内，再加入红苕粉，放入沸汤锅内焯烫2分钟，连汤一起倒入盛有味汁的面碗内，淋上花椒水，上桌即成。

板板桥油炸粑

名厨笔记 板板桥油炸粑是四川省内江民间流行的一种风味小吃，使用糯米包裹好红豆沙，用炸的技法加工而成，其特色是外酥内软，油而不腻，咀嚼有味，口齿生香。据说此食品最初由椑木镇木板桥桥头一小吃店首创而得名。

原料 Ingredients

糯米	250克
红豆沙	150克
精盐、花椒粉	各少许
植物油	适量

大 V 点评
Comment from Vip

我前年旅游到内江，板板桥油炸粑是当地人必推荐小吃之一。而内江本地人也喜欢闲时来一个油炸粑"香香嘴"，因为油炸粑入口皮脆馅软、咸甜适宜、化渣香口、老少皆宜，是一种很受大众欢迎的早餐食品。若配上豆浆，可谓是天下一绝。

做法 Method

1 将糯米淘洗干净，放入清水中浸泡至软，取出，放入容器内，上屉蒸熟成糯米饭，取出、晾凉。

2 红豆沙加入精盐和花椒粉揉搓均匀成馅料，做成每个重50克的馅心。

3 糯米饭捏成拳头大的小团，中间压扁，包入红豆沙，揉搓成生坯，放入热油锅中炸至金黄色，捞出即成。

—

图书在版编目（CIP）数据

麻辣川湘 / 原味小厨编委会编. -- 长春：吉林科学技术出版社，2015.2
（原味小厨168）
ISBN 978-7-5384-8737-4

Ⅰ．①麻… Ⅱ．①原… Ⅲ．①川菜－菜谱②湘菜－菜谱 Ⅳ．①TS972.182.71②TS972.182.64

中国版本图书馆CIP数据核字(2014)第302154号

麻辣川湘

编　原味小厨编委会
出 版 人　李　梁
策划责任编辑　张恩来
执行责任编辑　赵　渤
封面设计　长春创意广告图文制作有限责任公司
制　　版　长春创意广告图文制作有限责任公司
开　　本　720mm×1000mm　1/16
字　　数　250千字
印　　张　12
印　　数　1-8 000册
版　　次　2015年9月第1版
印　　次　2015年9月第1次印刷
出　　版　吉林科学技术出版社
发　　行　吉林科学技术出版社
地　　址　长春市人民大街4646号
邮　　编　130021
发行部电话/传真　0431-85677817　85635177　85651759
　　　　　　　　　85651628　85600611　85670016
储运部电话　0431-86059116
编辑部电话　0431-85635186
网　　址　www.jlstp.net
印　　刷　吉林省吉广国际广告股份有限公司
书　　号　ISBN 978-7-5384-8737-4
定　　价　29.90元
如有印装质量问题可寄出版社调换